智慧之戰

從《孫子兵法》看現代競爭

守屋洋

風樹林

前言

自古以來，世界各地經歷了無數無法避免的戰爭。既然要開戰，就必須獲勝不可。那麼，該怎麼做才能打勝仗呢？兵法書的目的就是在追求獲勝之道。

畢竟戰爭是勝則生存、敗則滅亡，對於國家或民族來說都是生死存亡關鍵。因此，各民族的兵法書中，記載了他們最卓越的智慧。

在中國，從古至今有許多著名的兵法書問市，其中最具代表性且廣為流傳的便是《孫子兵法》。

《孫子兵法》誕生於兩千五百多年前，由兵法家孫武所撰寫。儘管這是本超過千年的古書，近年來卻被翻譯成多國語言，在全球廣泛閱讀。

值得一提的是，閱讀《孫子兵法》的不僅有軍事專家，它的影響力早已擴展至商業領域。例如，軟銀集團的創辦人兼董事長孫正義先生，以及微軟創辦人比爾‧蓋茨先生等世界知名的企業家，都是它的忠實讀者。

不論是「與客戶的談判」還是「與競爭對手的競爭」，為了在嚴峻的競爭環境中存活而需要智慧應對，不是只有像孫正義或比爾‧蓋茨這樣的經營者才會遇到。在這個競爭激烈的社會中，對所有努力奮鬥的人來說，《孫子兵法》都是一本有助於「持續致勝」的最佳戰略手冊。

我們身處的現代社會，已預測到人工智慧（ＡＩ）將逐漸超越人類能力、奪取人類工作。如何磨練自身實力、在ＡＩ時代存活下來，大量的寶貴智慧就蘊藏在《孫子兵法》中。

本書引用了《孫子兵法》中被視為關鍵金句的名言作為範例，並加入我個人的解釋。

前言

此外，不限於《孫子兵法》，我還引用了其他兵法書或經典中的相關名言，並加以解說。硬要說的話，這部分或許正是本書的一大特色。

為求謹慎，以下是書中將提到的兵法書和古典文學。

一、《吳子》、《六韜》、《三略》、《司馬法》、《尉繚子》、《李衛公問對》、《孫臏兵法》和《三十六計》。

二、《老子》、《商君書》、《韓非子》以及《諸葛亮集》。

此外，撰寫此書時，也受到守屋淳的協助，特此表達感謝。

本書旨在幫助讀者更深入理解《孫子兵法》的精髓，若達到這個目標，我將倍感榮幸。

守屋洋

二〇一八年一月

目錄

第二章

研判戰況

第三章

用策略占據優勢

第四章

瞄準逆轉機會

第五章

領導者的心態

第一章

不戰而勝

為了贏得勝利，首先必須確立穩健的戰略方針，並制定周詳的作戰計劃，接下來就是確實執行。如何從容地取得勝利，是極為重要的學問。一起來學習這些致勝的關鍵吧。

一、別挑選贏不了的對手

知彼知己，百戰不殆。

▼《孫子兵法》謀攻篇

《孫子兵法》裡的「知彼知己，百戰不殆」是非常有名的金句。即使到了現代，這句話還是常常被引用。然而，究竟該了解敵人和自己的什麼，才能做到百戰百勝？

打個比方，假設將這句話用在下將棋。如果一個人將棋學到一定程度，並能掌握對手的實力和戰力，也熟悉自己的實力和戰略，是否能夠做到百戰百勝呢？不得不說，這根本做不到。

百戰百勝，其實在某種意義上並不難，關鍵在於懂得挑選對手。只要挑選很弱，明顯不如自己的對手對戰，百戰百勝是很有可能的。事實上，《孫子兵法》的真意也正是在此。

將棋這類遊戲或許可以輕鬆看待，但戰爭是關乎國家的存亡與人民生死的。國家因一場戰敗而走向滅亡的例子，歷史上不勝枚舉。正因如此，在戰場上絕對不能輸。為此，只要挑選能夠打敗的對手即可。反過來說，一旦確認是無法打得贏的對手，就絕不能輕易與其交鋒。

認清對方是自己無法戰勝的對手——正是「知彼」的真正意義。當然，只要增強自己的實力，就能打敗更多不同的對手。此外，借助外交手段或計謀，也有能可能擊垮對方。這才可能達到「百戰不殆」的第一步。

儘管如此，有時即使勝算渺茫，也不得不迎戰。

「戰不必勝，不可以言戰」這句話出自於《尉繚子》。

當沒有勝算時，理想的做法是避免開戰，話雖如此也有不得不應戰的時候。譬如蜀國的諸葛亮就是如此。

劉備去世後，諸葛亮肩負著蜀國的命運，五次出兵攻打魏國，但按常理來看，這是他不該發動的戰爭。畢竟雙方實力差距約為七比一，而且最初的戰略是與吳國聯手討伐魏國但並未如願。不管怎麼看，這場戰爭本就不該開打。

然而，孔明有不得不戰的理由。

蜀國一直認為自己是漢王朝的正統繼承者，擔負著推翻魏國這個國賊的使命。而且，劉備在臨終時將這個重任交託給了孔明。

因此孔明採取的策略是以不敗為原則。如果失敗，國家也會滅亡。就這樣，孔明在五次遠征中，都是以慎重的指揮為目標，進行了正確的戰鬥。

從這裡可以看出，一位承擔著一國命運的領導者所背負的巨大責任感。

二、風林火山

其疾如風，其徐如林，侵掠如火，不動如山。

▼《孫子兵法》軍爭篇

這句話闡述了作戰行動的核心原則。

進攻時要如風如火般快速迅捷，防守時則要如山如林般穩固不動。

眾所周知，武田信玄從《孫子兵法》的這段文字中選取「風林火山」四字作為他的軍旗標誌。他非常鑽研《孫子兵法》，並從中汲取了許多智慧。

《孫子兵法》的核心原則有兩點：

一、不戰而勝。

一、不打沒有把握的仗。

前者的「不戰而勝」在《六韜》中也提過類似的概念「真正的勝利是不必動武，而大軍應當毫髮無傷」。理想的勝利是不戰而勝，王者的軍隊不傷一兵一卒。

那麼，如何才能做到不戰而勝呢？比如，做好充分的準備，讓對手打消戰鬥的念頭，這也可說是一種方法。

歷史上有這段故事。

楚莊王企圖攻打晉國時，先派重臣豚尹作使者，前去打探晉國的情況。回國後的豚尹後向楚莊王報告：

「現在還不是討伐晉國的時機。因為晉國的執政者非常積極，百姓對生活也很滿足。而且，還有一位叫沈駒的傑出人物在掌管政務。」

於是楚國放棄攻打晉國。

數年後，楚莊王再次派豚尹出使晉國。

「現在是時候討伐魏國了，沉駒已死，君主沉迷於玩樂，臣民充滿怨恨。魏國上下不滿，大家的心已經不團結。現在如果發動進攻，這個國家將會陷入混亂。」

莊王一發兵，事情果然如豚尹的報告所言發展。

政治為先，這是貫穿中國兵法書的核心思想。

關於後者的「不打沒有把握的仗」，《商君書》中也提到了這一點。

「若其政出廟算者，將賢亦勝，將不如亦勝。」

意思是，只要國家政策穩固，並做好充分的戰前準備，勝利仍可掌握在手上。

兵法的首要原則在於，必須先審慎判斷敵我形勢，確定勝券在握方可出戰。商君進一步強調了這一點。

當然，若有充分的勝算，再加上指揮軍隊的將軍有能，那勝利自然是不容置疑的。即使將軍無能，只要有勝算，取得勝利的可能性仍然很高。

「無能」這個詞可能有些過於嚴苛，但其實這裡要表達的是，提前做好勝算規劃是多麼關鍵。

這不禁令人想起舊日本軍的作戰方式。其特徵是制定缺乏勝算的作戰計劃，將成敗寄望於前線士兵的英勇奮戰，雖然憑藉他們的無畏精神一度取得成果，但隨著戰事延長，最終只能陷入徒勞的消耗之中。

為了從容不迫地應戰，則必須制定周密的作戰計劃和戰略方針。

武田信玄始終遵守這兩項原則，因此他所率領的武田軍團有「無敵」的美譽，也是理所當然。

學習確實不易。昭和時代的將帥們並非完全沒讀過《孫子兵法》。例如，昭和十六年舊日本陸軍當局發表的《戰陣訓》中，也能看到一些可能來自《孫子兵法》的引用，但他們只是在借用片段，整個內容仍然被無可救藥的精神論所主導。如此一來，並不能真正學習到什麼。

在這方面，信玄掌握了最關鍵的要點，並成功應用於實戰中，取得非凡的成就。僅憑這一點，就足以證明他並非尋常之人。

三、戰爭就是欺騙與謀略的較量

兵者，詭道也。

▼《孫子兵法》始計篇

「詭道」指的是欺騙與蒙蔽等詭計，更具體地說，就是讓敵人看不清真相，從而干擾他們的判斷。《孫子兵法》對此做出了如下的描述。

「例如，假裝做不到其實能做到，讓敵人認為不需要的其實是非常需要的。表面上似乎在遠離，實際上卻在靠近，反之亦然。給敵人製造有利的假象將其誘出，再混亂其陣腳擊破。面對強大且充實的敵人，應該撤退並加強防備；對於實力強勁的敵人，應避免直接交戰。故意挑釁以消耗其力量，展現謙卑以讓敵人鬆懈。讓充足休養的敵人在不斷奔波中疲憊不堪，對於團結的敵人則需設法挑撥離間。」

完全是老謀深算的權謀之計。

同樣，在《李衛公問對》下卷中也寫道：「然詭道可由之，不可使知之。」「詭道」是欺騙的技巧，但在這裡指的是占卜或神示這類事物。雖然可以對他人施展，但沒必要教他們具體的方法。根據使用方式，這種手段或許確實有一定的效果。

北宋時代出類拔萃的名將狄青，有這樣一個故事。

狄青奉命前往現今的北越鎮壓叛亂時，討伐軍士氣十分低落。狄青為此想出一個計策。當軍隊行至桂州一帶，他前往當地香火鼎盛之廟宇參拜，並對眾人說道：「我帶來了一百枚銅錢，現在把它們扔到地上。若全部都正面朝上，則我軍必勝，毋庸置疑。」

狄青不顧部下的勸阻，將銅錢扔向地面，百枚銅錢竟然全都正面朝上。圍觀的民眾也驚嘆不已。狄青隨即命人將這些銅錢釘在地上，並宣佈凱旋時會來回收。

這讓軍隊的士氣瞬間高漲，最終成功鎮壓了叛亂。

其實，那些銅錢的兩面都是正面。

即使是詭計，到了名將手裡，也能成為鼓舞士氣的好方法。

當然，這類「詭計」應該只用於戰爭場合。如果輕率地運用在日常生活中，可能會被批評為卑鄙、不擇手段，甚至被貼上不合格的標籤。但在戰爭中，情況就完全不同了。在歷史上的戰爭中，許多「詭計」都像家常便飯般被使用。無論好壞，這就是戰爭的真實樣貌。

因此，有兩點是我們所希望的。

一、為了避免落入對方的「詭計」中，至少要熟悉他們的伎倆。

二、我們應該要學習能夠反制、應對狡詐的技巧，因應對方的「詭計」。

四、努力要有回報

戰勝攻取，而不修其功者，凶。

▼《孫子兵法》火攻篇

「即使擊敗了敵人，占領了他們的城池，如果沒能實現戰爭的目標，結果還是失敗的。」為了避免這種情況，必須事先制定周全的戰略計劃。

《戰國策》裡有這麼一個故事。

從前，魏國計劃攻打鄰國趙國的都城邯鄲。聽到此事後，名叫季梁的家臣請求謁見魏王，並說道：

「剛才，我在來這裡的路上碰到了一個人。他正往北行駛，卻說要去楚國。我告訴他，楚國在南方，為什麼要往北走呢？他回答說，『我的馬非常優秀』。我說，馬再好方向錯了也沒用。他回應『我還有很多旅費』。我再說，有錢也不代表你走對了路。他仍不為所動，還說『我的車夫也很能幹』。但實際上，越是擁有這些優勢，他離目的地的楚國就越遠。

現在，若大王輕率行動，恐怕會離霸業越來越遠。這不就像一邊說著要去楚國，卻一邊往北走一樣嗎？」

據說魏王便因此中止了進攻。

為了不在錯誤的方向上浪費時間，我們應該專注於制定正確的戰略計劃。

五、勇猛果敢並非就是最好的

善戰者，勝於易勝者也。故善戰者之勝也，無智名，無勇功。

▼《孫子兵法》軍形篇

「善於作戰的人自然而然就能贏得勝利的。因此，即使他們獲勝，他們的智慧也不會顯得特別突出，他們的勇敢也不會受到人們的稱讚。」

日本人努力的方式，往往讓人聯想到咬緊牙關、繫緊頭巾的印象，周圍的人一眼就能看出：「他在拚命呢」。相比之下，中國的方式則顯得更加自然。即使在努力，也不會表現出來。乍看之下，根本無法分辨他們是否在努力。

《孫子兵法》所談順應自然的取勝之道，與這種努力方式的理念是一致的。首先要制定一個合理的戰略計劃，確保任何人都能輕鬆獲勝。然後按照這個計劃推進戰事，自然而然地贏得勝利。按照《孫子兵法》的說法，這才是最理想的贏法。

指望靠勇猛作戰來取勝，說到底還是想靠運氣。《孫子兵法》說，這種戰鬥方式是很拙劣的。

的確，前線的英勇作戰可能會得到「表現不錯」的讚譽。然而，如果一直期望這種勇戰表現，任何再強大的軍隊也難免疲憊不堪。所以所以，一開始制定周密的作戰計劃，才是用兵的正確之道。

「身衝矢石，爭勝一時，成敗未分，我傷彼死，此用兵之下也。」這句話出自《諸葛亮集》。

「將帥親自站在陣前，冒著箭雨，只為了眼前的勝利而拚命。敵我雙方都損失慘重，但勝敗依然未定。這是最拙劣的用兵方式。」

這句話無疑是在否定勇猛作戰的觀念。

當然，這並不意味著勇猛作戰的精神是不需要的。恰恰相反，如果缺乏這種精神，原本能贏的戰爭可能也打不贏。特別是在戰況不利、陷入危機的時候。為了度過這種危機，比起戰略，更要靠士兵們一個個奮勇作戰。

然而，從一開始就制定草率的作戰計劃，然後只期待第一線士兵的英勇作戰，這樣的戰鬥方式實在不可取。這裡所謂的「用兵的下策」，指的正是這種方式。那麼，什麼才是理想的戰鬥方式呢？根據《諸葛亮集》記載的應該是這樣：

「預防困難於未然，將事態在變得嚴重之前解決，提前預測未來並採取行動。」

這樣做的話，或許真的能用最小的力氣換來最大的效果。

六、把最大的精力放在準備上

以虞待不虞者勝。

▼《孫子兵法》謀攻篇

「虞」就是準備的意思。所以這句話的意思是：「充分做好準備，趁敵人沒有防備的時候贏得勝利。」

橫掃中世紀界的蒙古人常常被視為野蠻人，但事實上，他們的背後隱藏著周密的作戰策略。忽必烈進攻南宋時也是如此。當時，南宋擁有長江這一道天然屏障，加上各城鎮的高大城牆，當時南宋依仗長江的天然屏障，以及各城池的高大城牆，築起了堅固的防禦體系。南宋的守備並非有任何疏漏。

然而，忽必烈在進攻襄陽和樊城這兩座戰略要地時，竟然在城牆外再築起一道巨大的壕溝和土壘。而且，即使南宋軍隊因為被困而試圖出城迎戰，他們也不急於應戰，而是將敵人困在城中，展開一場長期戰。為了應對南宋強大的水軍，忽必烈還祕密培訓了七萬名蒙古水軍。

南宋為了扭轉戰局，派出了他們的主力部隊以及寶貴的水軍進行救援。然而，這正是蒙古軍的目標。他們早已築起龐大的防禦陣地等待迎擊，南宋軍隊瞬間被徹底擊潰。

本來應該做好準備的南宋，反而被蒙古軍逼入毫無防備的境地。蒙古軍以萬全的準備迎敵，取得了精彩的勝利。

《吳子》中也提到了事前準備和徹底訓練的重要性。

「夫人當死其所不能，敗其所不便。」

也就是說，之所以會戰死或失敗，都是因為能力不足，訓練不夠。

從「南船北馬」這個詞語我們可以知道，中國自古以來南北交通方式差異很大。因此，即便北部的中原地區被統一，卻無法驅逐長江以南的對抗勢力，最終造成國家的分裂。

曹操與孫權、劉備的聯合軍爆發的「赤壁之戰」，正是符合這種情況的案例。公元二〇八年，曹操在平定了中國北部後，率領約二十三、四萬的軍隊進攻吳國。而吳國的總司令周瑜則組建了三萬水軍，準備迎戰曹操的大軍。

這場戰爭中，吳國的將領黃蓋佯裝投靠曹操，藉機靠近敵船並發動火攻。結果，吳軍大獲全勝，曹操統一天下的野心就此破碎。

這背後其實有幾個原因。首先，在中國古代，北方的軍隊南下時，經常會遭受疫病（風土病）的侵襲。當時曹操的軍隊也爆發了瘟疫，導致戰鬥力下降。

另外，曹操軍只熟悉陸戰，對水戰並不擅長，無法適應船隻的搖晃。為了避免船隻晃動，他們用繩索將船隻固定在一起，然而，這導致了「火攻」時火勢快速蔓延整個船隊。在不熟悉的戰鬥情況和準備不足的情況下，即使曹操有豐富的作戰經驗，也無法克服這些不利因素。

《商居書》中也有這樣的一句話。

「故曰兵大律在謹。」

「兵」代表戰爭，「大律」指重大的戒律，而「謹」則代表謹慎。因此，這句話的意思是：「在作戰時，必須以謹慎為指導原則」。

戰爭關係到整支軍隊的安危，以及一個國家的命運。想到這樣的責任，指揮官再怎麼樣也得謹慎行事，才是一位合格的指揮官。然而，有的指揮官為了自己的名聲和功績，硬要發動沒必要的戰爭，讓士兵白白犧牲，這是不應該的。不合理的戰爭就應該避免。

那麼，謹慎是什麼意思呢？就是要充分掌握敵方的狀況，在確定有勝算的情況下才開戰，沒有優勢時則避免戰鬥。如果沒有勝算卻因為血氣方剛而發起戰爭，那麼就很容易被批評為輕率行事。

當然，即使強調謹慎，也不能總是逃避戰鬥，這樣同樣不可取。一旦認為時機成熟，就應該果斷出擊。商君也提到了這一點。

「當對方是大軍時，不要主動出擊。如果敵人在各個方面都處於劣勢，那就毫不猶豫地進攻。」

換句話說，要謹慎地評估情勢，但一旦決定開戰，就應該果斷地採取行動。

七、把握天時與地利

知天知地，勝乃不窮。

▼《孫子兵法》地形篇

如果能夠把握天時地利作戰，那麼就能立於不敗之地。

反之，若缺乏這兩個條件，則難以避免苦戰。這不僅適用於戰場上的對抗，也適用於人生中的各種挑戰。

漢代的將軍李廣，總是被「不合時宜」、「不得地利」的陰影纏繞。

有一次，漢文帝在打獵時，李廣隨行，他曾徒手與猛獸搏鬥並成功擊斃。文帝看到後感嘆道：

「太可惜了。李廣的生辰時運不佳。要是他生在高祖劉邦的時代，早就輕鬆當上萬戶侯了。」

到了武帝時期，當討伐匈奴的重大戰役打響時，大將軍衛青也接到了漢武帝的密令。

「李廣年老，而且運氣不佳，不要讓他去與匈奴的單于交戰。」

於是李廣被排除在先鋒軍之外，而且還在途中迷路，未能按時趕到戰場。大將軍衛青因此責備他，李廣回應道：「部下沒有罪，這是天命。」然後自刎。

再怎麼傑出的名將，如果沒有天時地利相助，也難以取得好的結果。

八、務必要掌握主動權

善戰者，致人而不致於人。

▼《孫子兵法》虛實篇

讓對手跟隨我方的節奏，也就是掌握主導權，才是通往勝利的捷徑。

在昭和時代，將棋界的木村義雄十四世名人，他的對局方式極具特色，因而開創了一個時代，並與相撲界的雙葉山齊名。

一般來說，長時間思考是在陷入困境時不得已而為之的。當戰況有利時，人們往往會因為心情愉快而出錯，對手都在等待這個時機。不過，木村名人則相反，他常常在自己占據優勢時進行長時間思考。大多數對手在這時候會失去戰鬥的意志。他的戰術就是，一旦掌握了主導權，就絕不放手。

所謂掌握主導權，換句話說，就是擁有更多的戰術選擇。我方可以自由選擇行動，而對手則被逼入無法反擊的局面。

毛澤東也說過這麼一段話。

「在任何戰爭中，敵我雙方都會全力爭奪主導權。主導權其實就是軍隊的自由行動權。如果軍隊失去了主導權，處於被動狀態，那麼行動自由也將隨之喪失，並被敵人牽著鼻子走。」

那麼，要怎麼做才能掌握主導權呢？《孫臏兵法》是這樣說的。

「故善者制險量阻，敦三軍，利屈伸，敵人眾能使寡，積糧盈軍能使饑，安處不動能使勞，得天下能使離，三軍和能使柴。」

如果敵軍規模龐大，且準備充分，那麼很難輕易出手。然而，擅長作戰的將領，即便面對這種情況，也會用各種戰術來削弱敵軍，以下分成四點分析。

一、「面對人多勢眾的敵人，能分散他們顯得稀少」。如果敵人兵力龐大，就分散他們的聯繫並加以攻擊。這樣就能逆轉敵我兵力的差距。

二、「敵軍儲備糧食時，能使他們陷入飢餓」。若發現敵人的糧食充足，士兵們吃得很好，就襲擊他們的輜重部隊，切斷補給線。這樣一來，敵軍就會逐漸陷入飢餓，士氣也會下降。

三、「當敵人按兵不動時，能使他們疲憊」。如果敵人不動如山，應該設法試探並引誘他們行動，讓他們因不停奔波而感到疲勞。

四、「即便敵軍三軍齊心，也能讓他們感到疲勞與困乏」。當敵人團結緊密時，可以派間諜去散布謠言，挑撥離間，使他們從內部分裂。

緊接著，《孫臏兵法》中還提到：

「恆勝有五：得主專制，勝。知道，勝。得眾，勝。左右和，勝。量敵計險，勝。」滿足這五個條件的，就是常勝將軍。

一、將軍必須得到君主的信任，並且掌握實際指揮權。在中國，將軍是由君主賦予指揮權來帶領軍隊的。越是受到君主信任的將軍，其地位就越牢固，對部下的控制力也就越強。

二、將軍必須對戰略戰術非常熟悉。這是理所當然的，如果將軍不懂作戰，那根本無法指揮軍隊。只有懂得如何作戰的將軍，才能讓部下安心地追隨他。

三、將軍必須讓部下心服口服。除了要精通戰略戰術，更重要的是他在人格上也要讓人佩服。

四、各級指揮層要能夠團結協作，而這主要取決於將軍的統率能力。

五、充分掌握敵方的情況和地形的險要。如果這方面的情報不足，就無法制定正確的作戰計劃，因此也難以獲勝。

那麼「必敗的軍隊」是什麼樣的呢？根據《孫臏兵法》，是這樣描述的。

「恆不勝有五：御將，不勝。不知道，不勝。乖將，不勝。不用間，不勝。不得眾，不勝。」

必定會失敗的軍隊，有以下五個特徵。

一、君主干涉將軍的指揮權。將軍是在君主授予全權指揮下出征的。然而，如果君主插手將軍的指揮或戰略，會造成什麼後果呢？很明顯，指揮權會受到極大的限制，將軍無法按照計劃展開作戰行動。

二、將軍不懂戰略戰術。這種情況確實有，但責任歸屬不在別處，而在於選這樣的人做將軍的決策者。

三、底下的指揮官不服從命令時。這樣一來想有效地統領整支軍隊幾乎是不可能的。為什麼會出現這種狀況？這一定與將軍的能力和領導資質密切相關。

四、忽視情報的收集。當時的情報工作主要依賴間諜（情報員）的活動。所以，將領如果不能有效使用間諜，就無法達成他的職責。

五、部下不心服。在這種情況下，關鍵時刻就無法駕馭他們。

有這些問題的軍隊，必然會失敗。

再引用一句《孫臏兵法》中的話：「戰而憂前者後虛，憂後者前虛，憂左者右虛，憂右者左虛。戰而有憂，可敗也。」

在戰鬥中，如果對前方不安，那麼後方就會變得脆弱；如果對後方不安，前方就會變得薄弱。同樣的，如果擔心左側，右側也會變得薄弱。這樣一來，帶著不安上戰場，必然難以避免失敗。

戰鬥時必須以萬全的態勢應戰，這是毋庸置疑的。萬全指的是沒有任何不安因素存在。然而，這只是理想情況，現實中往往不得不在帶有不安的情況下出戰。

當處在那樣的情況下，任何人都會竭盡全力去解決問題。這當然是好事，但需要注意的是，不能只專注於解決眼前的問題，而忽略了其他重要的部分。

雖然存在不安的因素，但這不代表一定會失敗。其他部分的表現出色，或者運氣好，從而彌補了弱點的情況也是有可能的。但毫無疑問，儘量解決不安因素才是正確的戰鬥方法。

九、洞察敵方的意圖

上兵伐謀。其次伐交。其次伐兵。其下攻城。

▼《孫子兵法》謀攻篇

意思是「最好的戰略是事先看穿敵人的意圖並加以封鎖。其次是分裂敵人的同盟關係，使其孤立。第三是直接開戰。最差的辦法則是進行攻城戰。」

這讓人想到趙國名將李牧的作戰方式。當他被任命為對抗匈奴的總司令時設立了烽火台來監視動向，並保持高度警戒，但當匈奴進攻時，他並沒有急於出戰，只是鞏固防守。這樣的策略使己方損失極小。

經過多次這樣的戰鬥，匈奴似乎逐漸開始輕視李牧，稱他為懦夫。幾年就這樣過去了，部下們個個都渴望參戰。於是，李牧挑選出精銳部隊，當匈奴入侵時，假裝敗退，將敵人誘入圈套。

匈奴完全相信李牧已經無力反抗，於是大舉進攻，結果卻遭遇了李牧早已準備好的反擊，損失了十萬騎兵，慘敗而歸。

李牧雖然被人稱為懦夫，但他巧妙地躲避了敵人的侵略企圖，並在時機成熟時果斷反擊，徹底擊潰了敵人，堪稱智取謀略的名將。

順帶一提，《孫子兵法》的這句話對於現代經營戰略的制定同樣具有很高的參考價值。為了讓經營走上正軌要牢記以下兩點：

一、看透對手的計謀。

二、提升自己的談判能力。

十、正面進攻與奇襲策略並用

戰勢，不過奇正，奇正之姿，不可勝窮也。

▼《孫子兵法》兵勢篇

戰爭的打法，說到底不過是「正面攻擊」與「奇襲戰術」的組合而已，但這樣的組合方式有著無限的變化。

如果只是將「正」理解為正面攻擊，將「奇」理解為奇襲，這樣的機械化思維不足以取勝。要贏得戰鬥，就必須精通千變萬化的戰術運用，這也正是戰爭的艱難之處。

這個問題若稍微換個角度來看，就是標準戰略與應用的問題。理解要用何種標準戰略很重要，但僅憑這一點是無法取勝的。首先，要把標準戰略牢記於心，然後通過積累實戰經驗，在實戰中鍛煉，才能學會靈活標準戰略，從而提升應變能力。

此外，除了通過實戰經驗來學會靈活運用戰略之外，還有其他方法可以學習。《三國志》裡，吳國的孫權手下有一位將軍叫呂蒙。孫權擔心他只會靠勇猛作戰，於是建議他讀一些書來增長智慧。

一、《孫子兵法》等兵書。

二、《戰國策》等歷史書。

兵法書記載了戰爭的基本原理與原則，而歷史書則記錄了這些原則在實戰中的應用案例。呂蒙受到激勵，從那時起開始勤讀書本，並據說最終成功蛻變為一位智謀卓越的將軍。

十一、讓敵人掉以輕心，再發動攻擊

始如處女，敵人開戶，後如脫兔，敵不及拒。

▼《孫子兵法》九地篇

即便說是「如處女」，這當然並不意味著什麼都不做、靜靜待著。這只是一種為了引誘敵人鬆懈的精心演技而已。

在戰國時期，齊國遭到了燕國名將樂毅的攻擊，只有莒和即墨兩座城池還在堅守。這時，即墨的指揮官田單登場了。他首先採取了以下對策。

一、驅逐樂毅。當時燕國，重用樂毅的昭王去世，由與樂毅不和的太子繼位。於是田單派出間諜，實施離間計，使樂毅被解任。

二、提升士氣。田單讓一名士兵扮成神靈，傳達「齊國必勝」的神諭。

接著，田單將武裝士兵藏起來，讓老人和婦女小孩登上城牆，向燕軍示弱，並派出使者前去投降。同時，他還向富人們籌集了金錢，送給燕國的將軍們，請求說：「即使即墨投降，也請保護我們一家的安全。」如此一來，燕軍的警惕心完全消失了。

田單看準了這一點，便迅速發起攻擊徹底擊潰了燕軍。

這場勝利完全是靠他的策略取勝的。

在與強敵對抗時，「讓對手鬆懈」是一個非常有效的戰略。

《諸葛亮集》中有段話說得很好。

「迫而容之，利而誘之，亂而取之，卑而驕之，親而離之，彊而弱之。」

即使對方是強敵，也無需畏懼。擊潰對手的策略有很多，這裡只是介紹了其中的一部分。

「如果敵人步步緊逼，那就故意後退，讓他們以為有利，誘使他們深入，然後趁亂擊潰。用低姿態讓對方放鬆警惕，當他們團結時進行離間，當他們強大時設法削弱他們。」

對於強勁的敵人，直接正面交鋒是沒有勝算的。要找到勝機，就需要：

一、暫時後退，避開敵人的鋒芒，伺機反擊。

二、撒下誘餌讓對方上鉤，設伏兵和陷阱，趁敵人混亂時突然襲擊。

三、假裝戰力不足，讓對方掉以輕心，在抓準時機猛力反擊。

四、派間諜潛入敵營，散佈謠言，讓敵人內部產生猜忌，破壞內部的團結。

這樣的策略確實有效。

這或許表明，只要運用智慧戰鬥，就能找到無數勝機。

《三十六計》中，有這樣一種作戰策略——「上屋抽梯」。

根據作者的解釋，意思是這樣的。

「故意顯示出誘敵的弱點，吸引敵人上鉤，然後切斷他們的後援，進行包圍和殲滅。敵人之所以會陷入這樣的困境，根本原因在於他們貪圖我方撒出的利益。」

從軍事角度來看，這個策略包含兩個層面。

首先，這適用於對付敵人。正如作者所言，撒下誘餌，讓敵人上鉤，然後切斷其後續部隊或補給部隊的聯繫，將其殲滅。在這過程中，經常會故意假裝敗退，誘敵深入，並在設伏兵的地方迎擊敵人。如果敵方指揮官是那種魯莽衝動型，這樣的計策就更容易奏效。

接下來，是用在自己部隊的情況。什麼意思呢？就是自己切斷退路，表明除了戰鬥之外沒有其他生還的選擇，從而促使全軍下定決心一戰。尤其是在部隊是臨時拚湊起來，且戰意低落的情況下，使用這樣的策略來提升士氣是很值得考慮的。

十二、一旦看見優勢就趁勢出擊

勢者因利而制權也。

▼《孫子兵法》始計篇

這裡的「勢」是指戰鬥的態勢，「利」指的是有利的形勢，而「權」則是靈活應變的策略。當看到有利局勢時，應當隨機應變，從而贏得勝利。

唐朝開國的名將李靖，正是能夠做到這一點的傑出將領。

公元六二九年，唐朝發起對北方突厥的討伐。在李靖的進攻下，頡利可汗被逼到北方的鐵山，最後請求歸順唐朝。唐儉等人奉命前去談判。

駐守在國境的李靖得知消息後，立刻行動起來。

「既然我方的使者已經前往，頡利一定放鬆了警惕。」他對副將說了這番話，並選拔了一萬名精銳騎兵，每人攜帶二十天的糧食，進攻鐵山。副將卻反對：

「我們的使者已經前往對方陣營，現在不應該進攻。」

但李靖回應道：「現在正是好時機，不應該放過。韓信也是用同樣的方式擊敗齊國的。至於唐儉的性命，沒什麼可惜的。」

就這樣，李靖毫不費力地打敗了完全沒有準備的突厥，成功一舉解除了北方長期遭受入侵的困擾。

順帶一提，唐儉最後成功脫身，並且平安歸來。

當看到好機會時，必須抓住不放，迅速行動。《六韜》裡也是這麼說的。

「善者，見利不失，遇時不疑。」

戰術高手一旦看到有利時機，會迅速發動攻勢，抓住好機會立即攻擊。清末的中國名將左宗棠就是這樣的典型代表之一。

當時，新疆地區因塔吉克族的雅霍甫伯克叛亂、俄羅斯占領伊犁，加上英國在背後的干預，局勢十分混亂。朝廷內部認為英國等國的海上侵略更為嚴重，新疆放棄論隨之興起。然而，左宗棠堅持：「重視新疆才能保住蒙古，保住蒙古才能保衛京師。」

為了保衛首都，確保新疆地區是不可或缺的。最終說服了朝廷，並在大約三年內成功收復新疆。

此外，當與占領伊犁的俄羅斯進行外交談判時，雖然左宗棠已經六十九歲高齡，仍親自帶兵進駐哈密，並展現出如果談判失敗就會進軍伊犁，靠武力奪回的姿態，給予了談判強大的支援。

《伊犁條約》的簽訂，讓伊犁最終歸還中國。如果沒有左宗棠堅定不移的信念和抓住機會的行動力，現代中國的版圖或許會失去將近三分之一。

十三、以勢如怒濤的氣勢壓制敵人

勝者之戰民也，若決積水於千仞之谿者，形也。

▼《孫子兵法》軍形篇

勝者的戰鬥方式，就像滿滿的水從深谷中傾瀉而下，一瞬間壓倒敵人。

所以我想，當員工是在上司的命令下勉強完成工作，和自己因為內心強烈的動力去主動完成工作時，結果自然會大不相同。如果能讓整個組織的人都像後者一樣有動力，那麼這個組織的力量將非常強大，就像從千丈高的峽谷中傾瀉而下的洪水一樣，勢不可擋。

武漢的光武帝曾經派王霸和馬武兩位將軍去討伐地方勢力的首領周健。然而，馬武遭到周健和前來救援的蘇茂軍隊的夾擊。

馬武向王霸請求援軍，但王霸只是加強自身的防禦，沒有打算出兵。當部下看不過去，向他請求出擊時，他回應道：

「蘇茂的軍隊不僅精銳，數量也占優勢。反觀我軍，不僅兵力弱，還總是依賴友軍，這樣根本無法取勝。如果我們堅守防線，敵軍便會集中精力攻擊馬武的部隊。馬武軍在被孤立的憤怒驅使下，必然拚死一戰。等到蘇茂軍疲憊之時，我們再發動攻擊，勝利必定在握。」

眼看馬武的軍隊陷入苦戰，無法忍受的士兵們剪下頭髮以示決心，請求王霸派兵救援。

看到時機成熟，王霸派出精銳部隊，反過來對周健和蘇茂的軍隊進行夾擊，徹底擊敗了他們。

十四、如何激勵士兵的士氣

投之亡地然後存，陷之死地然後生。

▼《孫子兵法》九地篇

據說只有將士兵逼入絕境，投入死地，他們才能夠找到一條生路。從某種意義上來說，被逼入絕境的人擁有無與倫比的力量。他們會因為對死亡的恐懼而拚命迎戰敵人，並可能激發出「火災現場的蠻力」一般的潛力。

聽到這句話，馬上讓人想起那個著名的「背水一戰」的故事。

當年，漢朝的韓信大將軍與趙國的大軍對峙。韓信的軍隊不足兩萬，而對方的趙軍號稱有二十萬之眾，正面交戰根本沒有勝算。

當時，韓信故意讓部隊背靠河流佈陣，結果徹底打敗了趙軍。

雖然贏了，但手下的將領似乎並不太滿意。

戰後，有人問韓信：「兵法上說應該背靠山佈陣，但將軍您卻背靠河流，並且大獲全勝。我們有些疑惑，這到底是什麼樣的戰術呢？」

據說韓信是這樣回答的。

「不，不。兵法裡不是說過嗎，『將士陷入死地後才能求生，置於絕境後才能存活』。而且，我的軍隊是臨時拚湊的，還沒完全掌握他們的心。如果讓他們待在安全的地方，他們肯定會逃跑。所以，我才把他們置於死地，逼著他們拚命去戰鬥。」

「真是令人佩服，我們真是遠遠不及您。」

據說，武將們全都佩服得五體投地。

原來，韓信所使用的「背水陣」正是巧妙運用了《孫子兵法》。

另外，在兵法書《六韜》中有一個有趣的人才運用之道。

當國王詢問：「該如何挑選勇士來組建部隊？」大公望是這樣回應的。

「將那些失去權勢，想通過建立功績來重新獲得榮耀的人聚集起來，組成一支隊伍，稱為『死鬥之士』。

將那些入贅女婿或曾為俘虜，想通過提升名譽來洗刷恥辱的人聚集起來，組成一支隊伍，稱為『勵鈍之士』。

將那些曾經是囚犯或被免罪的人，渴望通過軍功來洗刷恥辱的人聚集起來，組成一支隊伍，稱為『幸用之士』。」

可以說，他們都處於「精神上的絕境」。對於優秀的指揮官來說，這些人可能正是能夠發揮作用的人才。

十五、沒有勝算就趕緊撤退

多算勝，少算不勝。而況於無算乎。

▼《孫子兵法》始計篇

勝算多的會贏，勝算少的會輸。有人可能會想，這不是再明顯不過的道理嗎？但事情並沒那麼簡單。

在日俄戰爭中，參謀次長兒玉源太郎本來認為勝算不過五成，為了將勝算提高到六成，他煞費苦心地制定了作戰計劃。

相對而言，昭和時期的領導者們幾乎沒有勝算，卻還是孤注一擲地投入了戰爭之中。

像這種玉石俱焚的攻擊戰法，在《孫子兵法》看來，無疑是愚蠢的策略。就算勝利了，也只是運氣好，並不是值得稱讚的勝利。

那如果沒有勝算的話，該怎麼做呢？

「勇於敢則殺，勇於不敢則活。」──《老子》是這樣說的。

即使是同樣的勇氣，前進的勇氣可能會毀滅自己，而退後的勇氣則能保全自己。這無疑揭示了一個極為深刻的真理。

通常提到「勇氣」，人們會認為是不畏困難，勇敢前進。當然，這也是勇氣的體現，敢於拚搏的精神值得讚揚。但這種勇氣有時會變成盲目的衝動，最終導致自我毀滅。要是拚到最後玉石俱焚，那就得不償失了。

當與敵人交鋒時，如果明顯發現對方實力更強，繼續作戰只會讓自己陷入困境，這時應該果斷撤退，保存實力。情勢是時刻變化的，機會必定會再來。抓住下一次的機會，再進行反擊。老子似乎想表達，這種能夠果斷撤退的決策才是真正的勇氣。

事實上，從歷史上看，有許多領導者都是只懂得進攻的。

當然，光是逃跑是不可能生存下來的。一旦看到機會，就必須果斷進攻。但若情勢不妙，就應該立刻撤退，保存實力。這樣的戰略正是亂世中求生存的智慧。

當勝算不大時，應該果斷後退。雖然退卻常常會被視為懦弱的表現，但只要保存戰力，未來就還有機會再度反擊。切勿忘記，這種撤退其實蘊含著積極的意義。

「算」就是計算的「算」。日本人常常嫌惡那些過於精打細算的人，說他們「精於算計」。但是，沒有精確的計算，就無法好好規劃自己的人生，這樣的生活方式可稱不上明智。

計算也可以換句話說成是「預測」。

第二章

研判戰況

人類歷史中，自古以來，戰爭不斷爆發。我們該如何看待這些戰鬥呢？簡而言之，「兵乃不祥之器」、「兵乃凶器」。讓我們一起來看看，在生死攸關之際，如何頑強地活下去。

一、戰爭不過是下策

百戰百勝，非善之善者也。
不戰而屈人之兵，善之善者也。

▼《孫子兵法》謀攻篇

理想的戰略是不用戰鬥就能取勝。這意味著，應該優先追求政治上的勝利，而非單純的軍事勝利。這種觀點不僅是《孫子兵法》的核心思想，也是所有兵法書的共識。

那麼，不戰而勝具體是什麼呢？可以從以下幾個角度來理解：

一、透過外交談判來壓制對方的意圖。

二、運用謀略手段，促使對方內部瓦解。

如果能成功做到這兩點，確實可以比直接動用軍事手段，用更少的費用和精力達到目的。

《尉繚子》也是這麼說的。

「不暴甲而勝者，主勝也；陣而勝者，將勝也。」

也就是說，君主的勝利在於不訴諸武力，而將領的勝利則是靠武力取勝。

這說法確實合情合理，但在現實中，君主與將領之間的意圖常常會發生分歧，這種矛盾有時會導致意外的悲劇。

比如宋朝。當他們被北方的金國逼得南逃，建立了南宋王朝後，收復北方失地成了他們的夙願。而這時最為活躍的，就是名將岳飛。

岳飛率領著紀律嚴明的「岳家軍」，一路收復失地，甚至一度逼近金國的根據地。然而，當時的皇帝高宗和宰相秦檜，為了南宋的穩定，不想和強大的金國硬拚，因此不允許岳飛繼續進攻。秦檜更是擔心岳飛會妨礙與金國的和談，便誣陷岳飛，將他關進監獄，最後處以死刑。

自那以後，岳飛被人們尊為武人的榜樣，秦檜則被罵作賣國賊，飽受非議。

與此相反的是昭和時代的日本。當時，由於縱容軍部的獨斷專行，這個國家險些滅亡，這件事依然讓人印象深刻。

關於不戰而勝，《六韜》也提出了類似的觀點。

「善勝敵者，勝於無形。上戰無與戰。」

有能力的將軍會在出兵前就贏得勝利——也就是說，他們追求的是不戰而勝。

而這一切的基礎，當然是政治和談判的能力。

戰國時代，秦國因為商鞅的「變法」等國政改革，實力大幅提升，領先他國。

不過，即使像秦國這麼強大，也有它頭疼的問題，那就是各國的「合縱」策略。也就是說，其他國家聯合起來，想要封住強勢的秦國。這樣一來，秦國再強也難免陷入苦戰。

於是，秦國採取了「連橫」策略，也就是跟各國分別結盟，把他們拉攏過來。當然，這背後其實是為了分化各國。秦國派出了能幹的說客張儀，到各國遊說，讓他們一個接一個加入秦國的同盟，從而逐步實現了「連橫」策略。

自古以來，名將們都追求「不戰而勝」的戰略。比如諸葛亮（字孔明）的宿敵司馬懿（字仲達），便是其中之一。

在小說《三國演義》中，司馬懿被描寫成一個無能的武將，但實際上，他的智謀並不遜色於孔明。當他迎戰孔明的遠征軍時，看透了對方補給困難的弱點，並選擇不與其正面交鋒。

結果，孔明在五丈原壯志未酬便去世，反觀司馬懿，不戰而使對手撤退，順利完成了自己的作戰目標。

無論何時何地，指揮作戰的人都該像司馬懿那樣，努力實現不戰而勝的目標。

二、受人稱道的取勝方式未必是最好的

戰勝而天下曰善，非善之善者也。

▼《孫子兵法》軍形篇

世間廣受讚譽的勝利，未必是最理想的勝利。那麼，什麼樣的勝利才是值得追求的呢？《孫子兵法》是這樣說的。

「過去的名將，總是以順勢而為的方式取勝。因此，儘管他們贏了，智謀卻不為人知，他們的勇敢也不會引來外界的讚賞。」

在春秋時期，楚成王與諸侯聯合進攻宋國。宋國隨即派遣使者，向晉文公尋求救兵。即使重臣先軫極力勸說出兵：

「現在正是報答宋國恩情，並確立您霸主地位的好時機。」

晉文公依然猶豫不決。如果回應宋國的請求派兵援助，那麼必然要與楚國交戰。晉文公曾在流亡時受到楚成王和宋國的恩惠，這讓他很難下決定。看到晉文公的猶豫，先軫進一步提出了建議。

「立刻攻打曹國和衛國吧，這樣楚國就不得不去救援那邊，宋國的包圍自然就解除了。」

曹國和衛國是楚國的盟友，當年還曾冷待流亡中的文公。這樣一來，我們不用和楚國開戰，宋國的包圍就會自然解除。

晉國輕輕鬆鬆便解除了敵人的包圍，這種戰略可能已經算是「最高手段」了。

三、與其急於取勝，不如及時撤退

合於利而動，不合於利而止。

▼《孫子兵法》九地篇

「看見有利就打，發現不利就躲開。」就是這樣的道理。

拿魏國的曹操來說吧，這人就很擅長決定什麼時候該撤退。

當曹操攻下漢中後，司馬懿建議趁著勝勢進攻劉備的蜀國，曹操回應說：「人應該懂得適時停下。隴地已經到手，為什麼還要貪圖蜀地呢？」

說完這句話後，他就撤兵了。

後來，漢中落入劉備之手，曹操曾動員大軍準備奪回。然而，看到劉備占據天然險要之地，防守堅固，對自己不利時，曹操說道：

「雞肋，雞肋。」

便隨即撤兵了。

「雞肋」意指雞骨，丟掉覺得可惜，但剩下的肉少得可憐。曹操把漢中比喻成這樣的地方。

順應有利的情況很簡單，但如何應對不利的情況，或許才是區分成功與失敗的關鍵。

四、在有利情況下果斷行動

非利不動，非得不用，非危不戰。

▼《孫子兵法》火攻篇

如果不是有利的情況、必勝的勢態，就不要發動作戰行動，除非是迫不得已，否則不要輕易進行軍事行動。這是指揮戰爭的人必須時刻銘記的大原則，無論怎樣強調都不為過。

當然，在一些局部戰鬥中，可能不得不孤注一擲、放手一搏，甚至從困境中尋找生機。這種戰術雖然稱不上理想，但有時候確實會逼不得已。然而，這種戰術在局部戰鬥中是不得已的選擇，但如果放在一個國家的戰爭指導上，這是不可接受的。如果真的制定這樣的計劃，指揮者肯定會被批評為不負責任。

那麼，在不得不戰的情況下，應該怎麼做呢？

首先，應該竭盡全力去營造有利的局勢和必勝的態勢。如果怎麼努力都無法做到這一點，那麼就應該全力避免戰爭。在日本歷史上，明治時代的領導者和昭和時代的領導者之間的區別，正是在這一點上體現出來。

判斷戰況時，必須從「利」和「害」兩方面去看。孔明在《諸葛亮集》中也是這麼說的。

「故欲思其利，必慮其害，欲思其成，必慮其敗。」

想要獲得利益，就必須同時考慮可能的損失；追求成功的同時，也必須為可能的失敗做好準備。

這個道理其實適用於所有事。每個人的性格不同，但樂觀的人通常只看到好處，容易過度樂觀；而悲觀的人則只看到壞的一面，從而錯過機會。這兩種情況都不好。最好是樂觀的人也看看可能的風險，悲觀的人多看看潛在的好處，這樣才能做出平衡的判斷。

戰爭也是如此。應該仔細權衡「利」與「害」的兩個方面，謹慎評估。如果確認勝算在握，就應該開戰；若無勝算，則最好暫且放棄，等待更合適的時機。不要強求冒險。

此外，戰爭畢竟是人為的行動，沒有任何事情可以有十足的勝算。這意味著，即使情勢看似有利，也難免因某些錯誤導致失敗。因此在開始行動之前，必須提前做好萬一失敗時的應對方案。

五、謹慎再謹慎

亡國不可復存，死者不可以復生。

▼《孫子兵法》火攻篇

國家滅亡後，一切都將終結；人一旦死去，也不可能再重生。

「唾面自乾」這個成語的典故，來自於下面這個故事。

從前，唐朝時代有一位名叫婁師德的宰相。他有著傑出的成就，被稱讚「德高量大，能包容他人」是一位品德高尚的人。

當他弟弟被任命為代州長官，來向兄長師德報到時，師德首先對他進行了一番忠告。

「好好記住，要把忍耐放在心上，絕對不能衝動行事。」

弟弟點頭說：「是的，我明白了。即使被人吐口水，也只是輕輕擦掉就行了吧。」這時師德搖了搖頭，說道：「不，不是這樣。」

「這樣不夠，擦掉口水只會激怒對方。最好是什麼也不做，等它自己乾掉。」

等到被吐的口水自然乾透——這樣的忍耐背後，蘊藏著深厚的處世智慧，教導人們如何頑強生存。如果衝動地行動，可能會毀掉自己多年來的努力和成就。

關於好戰的壞處，《司馬法》也有這樣的見解。

「故國雖大，好戰必亡；天下雖安，忘戰必危。」

雖然好戰會導致國家的滅亡，但若因此忽視軍事防備，國家同樣會面臨危險。

這大概就是軍事力量的危險之處吧。

讓我們以《三國志》中的蜀國為例。丞相諸葛孔明曾多次率領大規模的軍隊討伐魏國，親自擔任軍司令官進行遠征。然而在此期間，蜀國的政治絲毫沒有混亂。

在諸葛亮去世後，蔣琬和費禕接手了蜀國的政務。他們努力跟隨孔明的步伐，讓國家保持穩定。而他們最重要的舉措就是壓制主戰派的姜維。既然諸葛亮都無法推翻魏國，那麼他們的策略就是專注防守，等待魏國內部的動亂發生。

但是，蔣琬和費禕相繼去世後，再也沒有人能管束姜維了。他年年發動戰爭，讓國家元氣大傷，最終招來魏國的大軍反攻，蜀國也因此滅亡了。

即便是強大的國家，長期處於戰爭狀態，也難免會讓國家陷入危險。更何況蜀這樣的小國，這樣的風險只會更加明顯。

六、名將大多謹慎

兵者國之大事，死生之地，存亡之道。不可不察也。

▼《孫子兵法》始計篇

這是《孫子兵法》十三篇的開頭。戰爭對國家來說是極其重要的事情，關乎人民的生死和國家的存亡，所以必須慎重考慮。

讓我們來看看後漢的明君光武帝。完成國內統一後，幾乎沒有再發動過戰爭。當時最大的外敵是北邊的匈奴，光武帝只是建了烽火台讓人看守，儘管匈奴進犯，他也沒有積極反擊。

當西域諸國被匈奴逼迫來求救時，光武帝禮貌地拒絕了。由於他這種看似軟弱的態度，西域諸國最終都投降了匈奴。不過，光武帝心裡明白，他更看重的是重建國土和安定百姓生活。

後來，人們評價光武帝的這種態度為「止戈為武」。將「武」字拆開可以解釋為「停止戰爭」。光武帝對戰爭極為謹慎，追求的是一種更高的「武」道精神。

作為一國的領導者，必須記得這個道理，面對戰爭時要謹慎行事。也正因如此，別打沒把握的仗。

關於這個觀點，《尉繚子》中也有這樣的說法。

「鬥戰者無勝兵。」

如果軍隊毫無計劃、沒有勝算就胡亂作戰，必然會敗北。

那麼，如果沒有勝算的話，應該怎麼做才好呢？

其中一種方法就是自己創造勝利的機會，運用政治手段、謀略或奇策來削弱對手的力量。

另一個方法就是選擇等待，不是什麼都不做，而是積蓄力量，等待時機到來。

在這方面，中國歷史上有很多耐心等待的故事。像春秋時代的晉文公，就整整等了十九年，才找到出手的時機。

晉文公的父親獻公是一代名君，讓晉國變強，可惜後來迷戀上側室驪姬，搞出了家庭鬥爭。驪姬想讓自己的兒子奚齊當接班人，設計了陰謀，結果大哥申生自殺，重耳（晉文公）和三弟夷吾逃到了國外。

重耳為了尋找返國的機會，遊走於各國之間，但局勢卻遲遲沒有轉機。等到先回國當上君主的夷吾去世，重耳抓住這個機會，靠秦國的幫助，終於回到晉國即位。那時他已經六十二歲了。

重耳雖然在位僅僅九年，但他將逃亡國外時所積累的實力充分展現出來，迅速成為了當時的霸者。

等待也是為了下一次飛躍所做的準備期。

七、以速戰速決為目標

兵久而國利者，未之有也。

▼《孫子兵法》作戰篇

長期作戰從來不會為國家帶來利益。因為戰費的增加和兵力的消耗，可能會動搖國家的根基。

《孫子兵法》還進一步提到。

「如果沒有充分認識到戰爭帶來的損失，就無法從中獲得利益。」

也就是要把損失和利益放在天秤上，仔細斟酌後再來決定怎麼做。

從這樣嚴峻的識知來看，長期戰不過是消耗國力，毫無任何利益可言。

第二次世界大戰時，日本軍接受波茨坦公告投降，戰爭宣告結束。而在重慶堅持抗戰的中國國民政府高官們，雖然為勝利感到欣喜，卻也感嘆這是『慘勝』（可悲的勝利）。

整個國家的土地都變得荒涼，產業也停滯不前，幾乎要從頭開始重建。對他們而言，面對如此艱鉅的重建任務，心情必然非常沉重。

對日本來說，情況也大同小異。從昭和以來的二十年裡，連綿不斷的戰爭消耗殆盡了國力，結果以慘敗告終，不得不從滿目瘡痍的局面中重新出發。

為了避免那樣的情況，即使不得已交戰，也必須考慮儘早停戰。

八、留意成本是致勝的關鍵

日費千金，然後十萬之師舉矣。

▼《孫子兵法》作戰篇

調動十萬大軍，每天的花費高達千金。

戰爭就是在不停地消耗和摧毀雙方的人力、物資和財產。

在中國，早在公元前的時代，如果是一場全國性的戰爭，就會動員數十萬的士兵。國家的人的資源會枯竭，經濟上的損失也是難以估量的。在戰亂不斷的時代，維持國家實在是極其困難的事情。

舉個例子，在中國周朝剛開始的時候，有八百個諸侯國。可是到了春秋時代的末期，經過不斷的淘汰，只剩下十幾個國家，而且還是以齊、晉、秦、楚四大國為主。由此可見，這淘汰有多麼激烈。

再往後的五胡十六國時代，前秦的君主苻堅為了攻打東晉，一口氣調集了六十多萬士兵和二十七萬騎兵。沒想到，這場關鍵戰役竟然大敗而歸，前秦的國家也因此瞬間崩潰。

戰爭並非一些小手段的勝負，而是攸關國家經濟和組織根基的重大事務。若處理不當，可能導致國家財政破產，甚至國家滅亡。慎重行事再多也不為過。

九、避免陷入長期作戰

兵聞拙速，未睹巧之久也。

▼《孫子兵法》作戰篇

意思是「短期決戰成功的例子有，但長期戰爭取得勝利的情況卻聞所未聞」。

這是《孫子兵法》對戰爭的核心觀念，戰爭策略的成敗或許全在於這一點。

為什麼要避免長期作戰呢？《孫子兵法》中有提出這樣的說法。

「即使在戰鬥中取得勝利，一旦陷入長期戰爭，軍隊也將疲憊不堪，士氣低落。即便進行攻城戰，戰力也只會耗盡。長時間把軍隊留在戰場上，國家的財政就會陷入危機。如此一來，軍隊疲憊、士氣低落、戰力耗盡，財政危機接踵而至，那時候，其他國家就會趁虛而入。即便有再多的智者，也無法挽回局勢。」

這聽起來理所當然，但實踐起來卻困難重重。

日本在大東亞戰爭初期的勝利讓領導者們陶醉其中，結果一步步陷入泥淖，最終導致國家的滅亡。就連美國，在越戰中也曾陷入泥淖，難以全身而退。

身處困境時，總是容易情緒上頭，很難冷靜思考，這恐怕是普遍的現象。

十、繞遠路以取得優勢

以迂為直，以患為利。

▼《孫子兵法》軍爭篇

故意繞個遠路讓對手鬆懈，卻能搶先一步達成目標，把劣勢轉變為優勢。

項羽和劉邦，這兩位秦朝崩潰後的爭霸之路上的傳奇對手，恰好各自代表了「迂迴」與「直接」的策略。

在公元前二〇八年，楚國的根據地彭城，旨在推翻秦朝的聯軍結成了。項羽率領主力軍從北路出發，而劉邦則帶領別動隊從南路出發，分兩路共同向秦的咸陽進軍。項羽選擇正面決戰，擊潰了秦軍的主力，隨後率領聯軍四十萬向西推進，一路強行擊敗沿途的秦軍。

另一方面，劉邦的策略則是在認為對手強大時，總是避開正面攻擊，採取迂迴作戰。儘可能避免強硬對決，通過勸說誘使敵人投降，一旦對方願意投降，就為對方保留面子，妥善安排。正因如此，劉邦和項羽不同，採取了許多曲折的路線，但最終率先抵達咸陽的卻是劉邦。

「迂」，也就是選擇繞遠路，有時也能成為一種成功的策略。不要排斥「迂」這種方式。

順帶一提，「迂」有以下兩種含義：

一、時間上的迂迴。

二、距離上的迂迴。

有時候，我們應該徹底採取「迂」的策略，將不利轉化為有利。

十一、出奇制勝，攻敵不備

攻其無備，出其不意。

▼《孫子兵法》始計篇

意思是「要利用敵人的薄弱之處，攻其不備」。

這種「攻其不備」的招數，在交涉或勸說的時候也很管用。

在幕末時期，有位非常特別的人物，他的名字叫佐久間象山。

某一天，一位訪客來到象山的家中，象山問起他的來意，對方回答說想知道如何才能成為有錢人。

象山一本正經地回答說。

「很簡單，從現在開始，方便的時候最好抬起一隻腳就好。這就是祕訣。」

「您這是在開玩笑嗎？難道是讓我模仿狗嗎？」

「正是如此。要想成為有錢人，就得像狗一樣放得開。如果總是被人情世故牽絆，是賺不到大錢的。」

象山說完後大笑起來，來客好像突然醒悟了似的，向他深深道謝後就走了。

「要怎麼做才能成為有錢人呢？」

當有人這樣問的時候。

「首先要捨棄義理和人情。」

這麼說的話，未免太過平凡，缺乏說服力。

所以他就說：「方便的時候最好抬起一隻腳就好。」這出乎對方意料的回答，正是這個故事的趣味所在。

第二章

研判戰況

為了讓敵人措手不及，可以先裝作撤退，再埋伏奇兵，從側面發起攻擊。

《孫臏兵法》中有這樣的話：

「以輕卒嘗之，賤而勇者將之，期於北，毋期於得。為之微陣以觸其側。」

齊威王問：「當兩軍對峙，戰線僵持不下時，該如何打破僵局？」

以下試著將孫臏的回答翻譯得淺顯易懂。

「首先派出身輕如燕的小部隊來探查敵軍的動向。指揮官可以任用地位低下但勇敢的士兵，事先告訴他們佯裝敗退。之後，再用伏兵襲擊敵人的側面。」

這裡派出一支小部隊有兩個目的：

一、是當偵察用的，看看敵人會怎麼應對，並找出真相。

二、也是充當誘餌部隊，希望有機會引誘敵軍現身。

誘餌部隊必須有心理準備，如果遭到敵人的猛烈反擊，可能會部分犧牲。但如果敵人上鉤，便立刻動用伏兵來迎擊。

不過，這只是一場前哨戰，毫無疑問，真正的擊退敵人的作戰計畫還需要另行考慮。

儘管如此，為了出其不意，仍然必須保持謹慎。

《荀子》中說道：「重用兵者強，輕用兵者弱。」謹慎從事軍事行動的國家是強國，輕率發動攻擊的則是弱國。日本也有「越強的武士越不輕易拔刀」的說法，這與上述理念是一致的。

戰爭關係著一國的命運。若得勝可以生存下去，倘若失敗，甚至可能導致國家的滅亡。在任何時代，戰爭都需要巨額的費用。若是長期作戰更是如此，即使獲勝，也會導致國力的衰竭。因此開戰之前必須做好萬全的準備，並確保有充分的勝算。越是理性的領導者，就越不得不謹慎行事。

換句話說，擁有謹慎領導者的國家，一旦開始戰鬥，勝算就會非常高。

回顧古今的戰史，似乎有太多情況是在沒有充分勝算的情況下就發動了戰爭。的確有時是因為意氣和面子的衝突，使得局勢無法收場。此外，也有可能是在走投無路的情況下被迫做出決定。然而即便是在這些情況下，若要追求勝利，冷靜的判斷和謹慎的應對仍是必要的。

十二、做「別人不做的事」

攻而必取者，攻其所不守也。

▼《孫子兵法》虛實篇

刻意攻擊敵人防守堅固的地方，激戰是不可避免的。成功的機率不高，即使成功了，也有可能付出超過戰果的損失。這樣的進攻方式被認為是愚蠢的策略。

因此，應當攻擊敵人防守薄弱或無人防守的地方。這樣一來，確實能減少損害，相對輕鬆地獲得勝利。

把《孫子兵法》的這種概念作為一般原則來說的話，可以表述為「做別人不做的事」。

例如，年輕人的就業問題。根據不同時代，學生喜愛的企業會有很大差異。但是，如果問那些受歡迎的企業在未來是否依然有前途，答案並非如此。戰後初期的熱門企業是造船和鋼鐵業，而在經濟泡沫時期，則是證券和銀行。那些跟風選擇熱門企業的人，可能在公司內面臨大量競爭對手，再加上經營環境的變化，後來恐怕也不得不面對不少困難。

相反，正因為是在這樣的時期，那些未來可能大幅成長的領域成為有力的選擇。中小企業也無妨，因為人才層次較薄弱，因此只要有實力，就有很大的機會不斷被提拔。

選擇這樣的企業來賭一把，難道不是一種人生選擇嗎？

十三、不讓敵國受損也能贏得勝利

用兵之法，全國為上，破國次之。

▼《孫子兵法》謀攻篇

「戰爭的最佳策略，是在不打擊敵國元氣的情況下讓對方投降。若要先摧毀敵人，再逼其投降，那就只能算是次佳的做法。」

那麼，為什麼說在不打擊敵國的情況下讓其投降才是最佳策略呢？

首先，當你試圖痛擊並摧毀敵人時，對方必然會竭力反抗。無論戰術多麼高明，己方也免不了遭受一定的損失。

這樣的戰鬥方式並不算聰明。

第二，情勢總是會變的，今天的敵人可能成為明天的盟友，與我們一起對抗第三個敵人。因此就算現在正在打仗，也不應該對對方痛下殺手。從長遠來看，保留對方的實力反而更有利。

大東亞戰爭結束後，美國解散了日本的軍事力量，並徹底推動民主化。然而，之後因應對抗蘇聯的戰略需求，美國要求日本重新軍備，但這次反而遇到了日本方面的抵抗，使情況變得棘手。

為了避免這種情況，必須具備能夠預見未來的深刻洞察力。

第三章

用策略占據優勢

儘管要進攻，也不應該勉強行事。先要全面掌握敵我情勢，在此基礎上鼓舞士氣、制定策略，才能確保獲勝。

一、擾亂敵人的判斷

兵以詐立，以利動，以分合為變者也。

▼《孫子兵法》軍爭篇

意思是「作戰的核心策略在於迷惑敵人。應該在有利的情勢下展開行動，靈活調配兵力，並隨著情勢的變化應對調整」。

第二次世界大戰時，沙漠之狐隆美爾以「詭計」擾亂敵軍，甚至贏得了敵方士兵的尊敬，是名副其實的名將。

在北非戰場上，義大利軍在英軍的反攻下幾乎全軍覆沒，於是希特勒派出隆美爾作為王牌來解救局勢。然而，當時可供調動的坦克數量極為有限，與敵軍的壓倒性兵力相比，隆美爾的部隊顯然無法直接對抗。

隆美爾所使用的策略就是「詐」，藉此來迷惑和欺騙敵人。

首先，當他在非洲登陸時，舉行了一場閱兵式。利用有限的戰車在小路和觀眾聚集的大道之間反覆行駛多次，讓敵方間諜誤以為整個裝甲軍團已經抵達非洲。

在與英軍的初次交戰中，英軍的戰車部隊突然遭遇了一支貌似德軍龐大戰車部隊的突襲，嚇得他們決定放棄交戰，慌張撤退。其實，這支龐大戰車隊，大部分戰車都是用木頭製成的模型，僅僅是蓋在汽車上做偽裝的。

隆美爾用精妙的策略，不斷地打出超乎想像的好戰績，根本無視兵力差距。

關於欺騙敵人的方法，《三十六計》中有一招「聲東擊西」的計謀。

這個計謀的步驟如下：①首先假裝進攻東方，展開誘敵的佯動作戰。②如果敵人被引誘到東邊並加強防禦，那麼西邊的防線就會變得薄弱。③抓住機會迅速攻擊薄弱的西邊，達到出其不意的效果。這個策略的出處據說來自《通典》，原文記載了「聲言擊東，其實擊西。」的戰略。

簡單來說，這是一個簡單的策略。然而，這種策略自古以來多次被採用，並且多次取得成功。即便是在現代，這個策略的效用依然存在。

這個策略的關鍵在於利用敵人的錯覺，干擾他們的判斷。毛澤東過去擅長游擊戰術，將「聲東擊西」作為一個重要的戰略支柱。對此，他有過這樣的解釋。

「讓敵人產生錯覺並進行突然襲擊，是創造優勢、奪取主動權的方法之一，而且是一個非常重要的方法。那麼，什麼是錯覺呢？『聲東擊西』就是使敵人產生錯覺的一種方法。」

其實不需要等到毛澤東的解釋，這個計策能不能成功，主要就看能不能用佯動作戰迷惑對手。只要對方真的上當，那勝算就會大大增加。

二、散布誘餌讓敵人上鉤

形之，敵必從之，予之，敵必取之。

▼《孫子兵法》兵勢篇

簡單來說，就是要製造一個逼得敵人非動不可的狀況，再撒點吸引人的誘餌，讓他們自動上鉤。可是，怎麼樣才能達到這個效果呢？

「透過利的誘因把敵人引出來，再派出強大的主力進行徹底的打擊。」

換句話說，「利」才是讓敵人按照我們計劃行動的關鍵所在。

那麼，「利」究竟是什麼？

「利」就是故意顯示弱點或使用弱兵作為誘餌，使敵人認為自己有利，從而激發他們的進攻意圖。在這種情況下，最重要的是不要讓敵人看穿這是誘餌。為了達成這一點，必須在全軍中徹底實行作戰計畫並嚴格保密相關情報。

此外，攻擊敵人的要害，也是操控敵方行動的有效手段之一。對敵人的要害，特別是敵方意想不到的地方發動攻擊，由於事前沒有做好應對或預防措施，因此攻擊效果會更加顯著。敵人會陷入混亂，無法靈活應對，只能按照我方預期的方式行動。

在這種情況下，徹底收集對敵方的情報是必不可少的，這是毋庸置疑的。

針對敵人的弱點進行攻擊的策略，《司馬法》中也有如下的描述。

「用其所欲，行其所能，廢其不欲不能，於敵反是。」

掌握主導權，利用敵人喜愛的戰術來擊敗他們。反過來，避免敵人掌握主導權，並讓敵人誤以為你會採用相反的策略。

在戰史上，最能體現這個例子的應該就是公元前二一六年，迦太基名將漢尼拔與羅馬的瓦羅之間的「坎尼會戰」。

戰前雙方的特點如下。

迦太基軍——可以選擇戰場，確保了主導權。總兵力約為羅馬軍的一半。

羅馬軍——主將瓦羅好戰，只有騎兵稍微遜色於迦太基軍。

迦太基軍將較為薄弱的步兵布置在中央，並在兩翼安排騎兵，靜待羅馬軍的進攻。瓦羅看到敵人的陣形後，便命令大量步兵衝向迦太基軍中央薄弱的防線。然而，這正是漢尼拔的計謀。他在左翼騎兵後方藏有一支隱蔽的騎兵隊，趁機對羅馬軍右翼的騎兵進行夾擊，成功擊潰了他們。

羅馬軍的勝利關鍵在於能否擊潰中央的迦太基步兵陣。然而，由於自軍過於密集導致武器無法靈活使用。隨後，迦太基騎兵趁勢包圍，最終羅馬軍慘敗。

善於作戰的人會觀察敵人的長處，從中察覺其短處；看到敵人的不利之處，也能了解其有利之處。因此，取勝的機率也會大大提高。

了解敵人是戰爭中的基本前提，若忽視了這一點，就無法期望獲得勝利。事實上，過去的戰爭中，負責指揮作戰的人們都全力以赴地解決這個問題。

然而，了解敵人並不總是那麼容易。越是重要的情報，對方越會竭力隱瞞。即便費盡心力取得了情報，也可能僅限於極為片段的內容。因此，所需要的是洞察力和綜合判斷力，若沒有這些能力，就無法確實掌握全局。

根據這段評論來看，任何對手都同時擁有長處和短處，戰鬥高手不僅能了解對手的長處，還能透過這些長處洞察到其短處，並形成綜合性的判斷。這裡所要求的，或許就是深刻的洞察力。

三、注重團隊的士氣

善戰者，求之勢，不責於人。

▼《孫子兵法》兵勢篇

擅長作戰的人，首先重視的是順勢而為，並且不會對每個人的表現抱有過度的期望。

《孫子兵法》引用了一個簡單的例子來說明這個道理。

「任勢者，其戰人也，如轉木石，木石之性，安則靜，危則動，方則止，圓則行。故善戰人之勢，如轉圓石于千仞之山者，勢也。」（士兵如果能借助情勢作戰，就會像從高坡滾下的圓石一樣，展現驚人的威力……順勢而戰的感覺，就像把圓石推落深谷，無可抵擋。這就是戰鬥中的勢。）

確實如此，如果整個組織能保持旺盛的聲勢，就能把一份力量發揮到三倍、四倍的效果。反之，聲勢不足時，原本的力量也會大打折扣，這種差距可不容小覷。

晉朝時期，有一位名將名叫杜預。當時《三國志》中的蜀國已經滅亡，只剩下吳國。進攻會議上，一名部下提議說：「吳國是一個大國，目前正值雨季，恐怕會有疫病，所以應該等到冬天再全面進攻。」

對於這個提議，杜預回道：「現在，我軍正處於勢不可擋的態勢。這就像劈開竹子一樣，只要劈開了節，接下來就靠刀刃的重量自然劈開，不需要再加什麼力。」

「破竹之勢」這個成語的由來，就是源自杜預的這番話。

果然如他所預料的那樣，吳國幾乎沒有進行任何抵抗就宣告投降了。

优秀的将帅都明白，掌握势头的重要性。

優秀的將帥都明白，掌握勢頭的重要性。

在戰鬥中，趁勢一鼓作氣迅速決勝是至關重要的。

《諸葛亮集》中也指出了這一點：

「夫計謀欲密，攻敵欲疾。」

作戰計劃必須徹底保密，而當攻擊敵人時，要如疾風般迅速果斷。

作戰計劃無論在哪個時代，對國家來說都是最高的機密，需要嚴密保護。如果計劃被敵方知曉，那麼即便是再精密的策略也會瞬間變得毫無意義。敵人會派遣間諜，試圖不斷地探知我方的計劃。謹慎對待是必要的。

此外，發動攻擊時，要如疾風般瞬間行動。

當捕捉敵人時，要像鷹隼盯住獵物一樣敏捷，一旦發動攻擊，就像湍急的河流般壓倒對方，這樣才能在保持己方完整的同時，徹底擊敗敵人。

當我方處於優勢時，不要給敵人任何防守的機會，應該迅速地壓倒對方。這樣一來，就能在短時間內結束戰鬥，並將己方的損失降到最低。

如果變成持久戰，所花的經費、士兵的疲勞程度都會增加。

為了避免這種情況發生，必須要抓住機會，以最快的速度結束為目標才是明智的戰鬥方式。

四、掌握作戰節奏

善用兵者，避其銳氣，擊其惰歸。

▼《孫子兵法》軍爭篇

戰爭歸根結底是人與人之間的對抗。由於人是有血有肉的存在，其士氣與行動必然會隨著情緒與狀況的變化而起伏不定，有著獨特的節奏與變化。

因此，能夠徹底掌握敵我雙方士兵節奏的一方，顯然會占據優勢。這種思維方式即使在現代，也能應用於各種組織的運營。

關於這部分，《孫子兵法》是這樣說的

「是故朝氣銳，晝氣惰，暮氣歸；故善用兵者，避其銳氣，擊其惰歸」（人們的氣力在早晨最為旺盛，中午時漸漸疲乏，傍晚則渴望休息。軍隊的士氣也是如此。因此，擅長作戰的人會避免在敵方士氣正盛時交戰，而選擇在敵方士氣低落時發動攻擊。）

換言之，當敵方士氣衰落、戰力削弱之際，正是我方乘勝追擊的時機。這種良機一旦出現，就必須果斷抓住，不可輕易放過。

《諸葛亮集》中有這樣一句話。

「事機作而不能應，非智也；勢機動而不能制，非賢也；情機發而不能行，非勇也。」

「機」的意思是動作或變化，因此可以理解為「事機」代表事態的變化，「勢機」代表形勢的變化，「情機」則是情況的變化。因此這段評論可以理解為：

「在事態有利展開的情況下，卻無法加以利用，就無法稱為智者；在態勢有利的情況下，卻無法乘勢而上，就無法稱為賢者；在情勢有利的情況下，卻猶豫不決，就無法稱為勇者。」

在說完這段話後，他進一步提到「善將者，必因機而立勝。」

這句話進一步強調了這一點。

這裡提到的「事機」、「勢機」和「情機」的區分並不一定明確，但其要表達的意思是十分清楚的。當與敵軍對峙時，雙方勢均力敵時行動不易。然而，隨著情勢的變化，局勢將會開始發展。要抓住那一瞬間的空隙，掌握先機並付諸行動。

順帶一提，兵法書《李衛公問對》對《孫子兵法》這段話進行了補充解釋。根據這本書，「早晨、中午、傍晚」只是比喻，關鍵在於根據當前情況調整我軍的士氣，使之如同早晨一樣旺盛，同時將敵軍的士氣壓制到如同黃昏般疲憊，這才是關鍵所在。

總之，如何提高我軍的士氣波動，這也是指揮官展現實力的地方。

五、非常手段也能派上用場

凡戰者，以正合，以奇勝。

▼《孫子兵法》兵勢篇

「奇正」是古代中國經常使用的兵法術語。「正」和「奇」是相對的概念，其中「正」指的是正規的攻擊方法或標準作戰流程，而「奇」則是指奇襲作戰或不按常規的戰術。從敵方的角度來看，預測範圍內的軍事行動可以稱為「正」，而意想不到的行動則可稱為「奇」。

先以正攻法面對敵人，再利用奇策來取得勝利。

《李衛公問對》中同樣有這樣的說法。

「自黃帝以來，先正而後奇，先仁義而後權譎。」

自古以來，皇帝便是以「正」為先，根據情況隨時變化為「奇」。同時以仁義為根基，策略則在後，這就是兵法的常道。

換句話說，首先要整頓好自軍的狀態，堂堂正正地推進軍隊，靜靜等待敵軍的崩潰。當察覺到機會時，便施展出敵人無法預測的奇策，迅速贏得勝利。

這一點或許也適用於政治和外交的場合。

在這裡，「正」對應的就是「仁義」。這可以被理解為正當理由，或者說是政治上的理由。首先要以此推進。如果一開始就連續使用策略手段，可能會導致周邊國家對你的信任下降，這樣可不太好。

最開始時，我們要先堅持自己的立場，如果發現無法推進，就要用計謀來削弱對方，然後迅速掌控主導權來實現目標。

無論如何，只有在正攻法和仁義為基礎的情況下，變化的計謀才能夠生效。

在漢朝，效忠劉邦的陳平就是擅長奇策的參謀。

公元前二〇二年，高祖劉邦收到報告說楚王韓信正在謀反。眾將領都強烈主張立即討伐，劉邦於是徵詢陳平的意見。

陳平首先指出韓信並不知道有人舉報他謀反，然後又強調韓信的兵力和用兵之道都勝過對手，接著說道。

「您可以假裝要巡視南方的雲夢湖，並在陳地會見諸侯。天子出遊的消息傳出後，韓信大概也會親自來見您，那正是最佳的時機。只需派出一名力氣大的士兵，就能輕易將他擒獲。」

正如所料，韓信來到漢高祖劉邦面前，結果輕而易舉地被擒拿了。

六、攻擊對方的薄弱之處

兵之形，避實而擊虛。

▼《孫子兵法》虛實篇

「虛實」也是古代中國的兵法術語，其中「虛」指的是兵力薄弱的狀態，而「實」則指兵力充足的狀態。

如果直接和敵軍的「實」正面交鋒，己方只會承受大量損失，而戰果卻甚微。找到敵人的薄弱部分，也就是「虛」，並抓住機會攻擊，才是通往勝利的道路。

春秋時代被稱為最大決戰的城濮之戰，其勝敗關鍵就在於「虛實」的運用。

公元前六三二年，晉國與秦國、宋國的聯軍在城濮佈陣。另一方面，楚國率領陳國和蔡國的軍隊在河邊背水佈陣，展現出寸步不讓的姿態。

然而，戰局很快就有了結果。晉軍首先攻擊了楚軍的右翼，該處由陳國和蔡國的部隊防守。他們是被義務驅使而來的軍隊，從一開始就缺乏戰鬥意志。在晉軍的猛烈攻勢下，很快就全面崩潰並逃走了。這一部分正是楚軍的「虛」所在。

晉軍隨後突然轉向撤退，楚軍的左翼部隊整齊出陣追擊。就在此時，早已做好準備的晉軍主力迅速出擊，對楚軍左右夾攻。最終，左翼全面潰敗，楚軍的失敗就此確定。

關於如何判斷敵方的薄弱之處並加以攻擊，《諸葛亮集》闡述了其中的精髓。

「敵欲固守，攻其無備；敵欲興陳，出其不意」

當敵人加強防禦時，就攻擊他們薄弱的地方。當他們開始移動或變換陣地時，就趁其不備發動突襲。也就是說，不管敵人處於何種狀態，都有進攻的機會。

當敵軍已經做好防守，特別是敵人預料到我軍的進攻，事先加固城牆或在險要之地部署軍隊，這樣的情況下，正面挑戰無疑會陷入困境，甚至可能只會徒勞無功。這時候，不如尋找敵人疏忽的地方下手，像是那些不認為會被攻擊而警備薄弱的地點。如果集中火力進攻這些區域，說不定能打開一道突破口。

而且，趁著敵軍正在移動時，突然發動攻擊，這種策略當然也是非常有效的。不管對方實力多麼強大，都有可能因為措手不及而陷入混亂。如果敵人比較弱，這一擊甚至可以讓他們立刻潰退。

順帶一提，像這樣攻擊敵人薄弱點、出其不意地行動，其實在現代企業的策略中也是相當值得借鑑的。

再困難的工作，只要有這樣的思路，就有可能找到突破口。

七、沒有補給便無法獲勝

智將務食於敵。

▼《孫子兵法》作戰篇

聰明的將領，懂得如何在當地設法取得糧食來支持軍隊。

不言而喻，決定勝敗的關鍵之一，就是糧食和物資的補給能力。無論是現代還是古代，這一點從未改變。

《三國志》中的諸葛孔明也曾為補給問題苦惱不已。孔明曾多次率領大軍遠征，但最終都因補給問題而不得不撤退，無法實現作戰目標。對於孔明的用兵之道，正史《三國志》的作者陳壽評論說：

「他是不是不擅長隨機應變的戰略和戰術呢？」

這句著名的疑問反映出了陳壽對於孔明戰略能力的質疑。

確實，孔明的戰略和戰術可能存在一些問題。然而，孔明未能實現作戰目標的最大原因，還是出在補給問題上。孔明從蜀地進軍魏領時，必須通過所謂的「蜀之棧道」，這是一條架設在懸崖上的吊橋般的道路，狹窄到只能容納一人通行。因此物資的運輸極其困難。

當然，孔明也並非坐以待斃。他曾設計出運輸用的流馬和木牛，並在敵方領地開設屯田，試圖解決補給問題，但最終還是無法克服這一弱點。

再怎麼厲害的將領，如果後勤補給跟不上，那麼戰事根本無法取勝。這應該是不言自明的道理。

順帶一提，以前的日本軍隊確實有忽略補給的傾向。

八、有些敵人不適合交戰

無邀正正之旗，勿擊堂堂之陣。

▼《孫子兵法》軍爭篇

據說，對於整隊待發的敵軍或擁有強大防禦陣勢的敵人，千萬不要輕易交戰。因為即使交戰，也難以避免苦戰。

在南北朝時代，北周的實際創建者宇文泰，也是一位懂得何時該撤退的名將。

起初，他效力於北魏王朝，負責駐守前線基地武川鎮。然而，隨著北魏內亂爆發，他逐漸嶄露頭角，與同時代的傑出英雄高歡展開激烈的主導權爭奪，分裂北魏為兩部分。隨著高歡的去世和長子高澄被暗殺，次子高洋繼位並建立了北齊王朝。

宇文泰看準這個機會，高洋剛剛篡奪了北魏，建立了新的王朝，且實戰經驗尚淺。宇文泰立即出兵，在太原與高洋的軍隊對峙。他登上小丘視察敵情，發現高洋的軍隊已經整齊地布好了陣勢，嚴陣以待。

「沒想到，這和高歡在世時的情形毫無二致。」

說完這話，宇文泰決定不再強攻，選擇撤軍。他看清了形勢，認為不該勉強作戰，這是一次漂亮的決策。

九、別把敵人逼入死角

圍師必闕，窮寇勿迫。

▼《孫子兵法》軍爭篇

意思是：「對包圍的敵人要留一條退路。不要攻擊已經被逼入絕境的敵人。」正如「窮鼠齧貓」的所說，如果奪去了敵人的退路，可能會遭到拚死的反擊，進而招致難以預料的損失。

《三國志》的英雄曹操在包圍壺關這座城時，下令道：「如果攻下城池，就將所有人活埋。」然而，幾個月過去了，城池依然沒有陷落。這時，曹仁這位幕下的將軍進言。

「包圍城池時，一定要留下逃生的路，這是為了給敵人留下一絲生存的希望。閣下宣佈要把所有人都殺光，這無異於促使敵人拚死抵抗。而且，該城池堅固，糧食也充足。若勉強進攻，將會造成巨大損失；但若按兵不動，戰事又會持續拖延。面對如此堅固的城池和拚死守衛的敵軍，強行攻打並非上策。」

曹操聽從了曹仁的計策，結果城池很輕易地就攻陷了。

在把對手逼入絕境時，故意留條退路，不讓對方拚命反擊——這不僅僅適用於戰爭，也可以在現代的各種情境中使用。

在相似的情境下，《三十六計》中有一計策說：「欲擒故縱」。作者檀道濟的解釋是：「如果切斷敵人的退路並發動猛攻，敵人必然會拚命反擊。但若是讓他們有機會逃跑，敵方的氣勢會逐漸衰弱。即便要追擊，也不要將其逼得太緊。讓對手耗盡體力，喪失鬥志，等他們分崩離析時再行捕捉，這樣就能不流血而取得勝利。耐心等待適當時機，最終能夠達成良好的結果。」

最好不要將敵人完全包圍。當敵軍被困絕境時，勢必會絕地反擊，這就有如「窮鼠反噬貓」。即使我方處於優勢，依然可能因敵人的瘋狂反撲而遭受重大損失，甚至形勢逆轉、遭遇意外失敗。歷史上有不少這樣的教訓。因此，應留給敵軍一條生路，使其自行瓦解。

順便補充一下，中國的軍隊傳統上多是臨時拚湊起來的，士氣也較為低落。這樣的計謀對於這種軍隊應該是相當有效的。然而，對於那些從一開始就已經決心拚死一戰的對手來說，這個策略恐怕是行不通的。

十、情報是取得勝利的關鍵

料敵制勝，計險厄遠近，上將之道也。

▼《孫子兵法》地形篇

將領的責任，就是偵察敵人的動向，同時評估地形的險要和距離，並制定出合適的作戰計劃。

這句話指出了事先收集敵情和周圍環境資訊的重要性。在這方面成就卓越的代表人物是曾效力於漢高祖劉邦的蕭何。

蕭何並沒有在戰場上奪取功勳，但在漢王朝建立時，他被評為建國第一功臣。

其中一項功績便是接收了秦朝的文書資料。

當劉邦打敗秦軍，最先進入都城咸陽時，他的部下將士們紛紛湧入寶庫搶奪戰利品，但蕭何不為金銀財寶所動，一心接收丞相府和御史府保管的法令文書、地圖和圖書。

劉邦晚了兩個月，項羽率領諸侯入城咸陽，放火燒毀了都城，將一切燒毀後便撤退了。如果蕭何沒有事先接收這些文書和圖書，它們也將化為灰燼。多虧了蕭何，劉邦得以掌握天下的重要地勢、人口的多寡和各國的戰力。

毫無疑問，這些情報給後來與項羽的霸權爭奪戰帶來了難以估量的利益。正因為有瞭解情報價值的蕭何在身邊，劉邦才得以完成他的制霸。

可以說，掌握情報戰的人就能掌控戰局。

關於此事，《六韜》中有這樣一段話：

「凡帥師之法，當先發遠候，去敵二百里，審知敵人所在。」

若不掌握敵方的動向，就無法取勝。為此可以利用間諜或斥候（譯注：偵察敵情的哨兵）的手段，至二百里外的遠處。

一九七二年在山東銀山的漢墓裡發現了《六韜》的一部分，證實它是前漢以前的作品。以當時的度量衡來算，二百里差不多是八十公里遠，春秋時代的軍隊需要好幾天才能走完。可見，那時就非常重視掌握敵方動向。了解敵情，才能主導局勢，靈活運用各種戰術。

這種思維方式有效地運用在對北方和西方遊牧民族的監控體系中，這些遊牧民族一向是漢民族最大的對手。

漢朝時期就有不少烽火台，一旦遊牧民族入侵，會馬上用烽火傳遞消息，從各地派軍隊去防禦，這樣的體系早已確立起來。

進入唐代後，烽火台的網絡變得更加完善，傳訊速度竟能在一晝夜之間達到二千里，約八百公里的距離。

自古以來，情報就已經是一種力量。

十一、洞悉敵方的實力

知吾者卒之可以擊，而不知敵之不可擊，勝之半也。

▼《孫子兵法》地形篇

「即使掌握己方的實力，如果不清楚敵方的戰力，那麼勝綠、敗率皆為五成。」

即便率領著大軍，如果無法掌握敵方的實力和意圖，往往會遭遇意想不到的失誤或陷阱。

漢王朝崩潰後，雖然時間短暫，但曾出現過一個名為「新」的王朝。在新朝軍隊攻打昆陽城時，未來建立了後漢王朝的劉秀（即光武帝）等人正堅守在城內。新軍兵力達十萬之多，而昆陽城僅有八千至九千守軍，形勢對新軍極為有利。

率領新軍的王邑和王尋仗著大軍之勢，試圖單憑武力徹底壓制敵人。屬下的嚴尤建議進行奇襲攻擊敵方薄弱的本據地，或在包圍戰中給敵人留下一條退路，但二人不為所動，他們眼中只看得見壓倒性的兵力。

一方面，昆陽城的守軍由於被切斷退路，不得不拚死作戰。同時，劉秀悄悄從城中突圍，奔赴友軍的陣地請求支援。經過劉秀的拚命勸說，友軍終於出動，前來支援。最終新軍在內外夾擊下被徹底擊敗。

新軍自溺於自身的實力，完全無視對手的狀態與戰術，敗得毫不意外。

那麼在己方與敵方勢均力敵時，該如何應戰以占據優勢呢？

《孫臏兵法》說道：

「營而離之，我並卒而擊之，毋令敵知之。然而不離，按而止。毋擊疑。」

「要擾亂並分散敵人，讓我方兵力集中到一個點上，但千萬不能被敵人發現。如果沒法分開敵軍，就得立刻停止攻擊。沒把握的時候千萬別輕易開戰。」

這戰術十分合理。

如果能把敵軍分散，再集中我軍的力量去打，就能取得絕對的優勢。而且，如果能夠悄悄行動，不讓敵人發現的話，除非有什麼突發狀況，否則幾乎穩操勝算。

接下來要注意的是後半部分的「若未能分割，則按兵不動；切忌攻擊不明確的目標」。無法分散敵軍就進行攻擊，或許能取勝。但勝算也不過五成。因此，切勿參與這種勝算低的戰鬥。

過去曾有軍歌唱道：「安危何其重要。」用兵之道中，始終攸關全軍的安危，前線指揮官不可忘記此事。

十二、賢明的將領對情報十分敏銳

明君賢將，所以動而勝人，成功出於眾者，先知也。

▼《孫子兵法》用間篇

意思是「明君賢將能每戰必勝，屢次獲得輝煌的成功，皆因他們先於對手探查到敵情」。不用說，情報蒐集是間諜的工作，但其實最寶貴的情報往往來自敵方的投誠者或叛變者。

漢朝將軍李陵帶著五千步兵去討伐北方的匈奴，結果被匈奴王單于帶領的三萬騎兵包圍。匈奴看漢軍人少，正面挑戰。李陵的部隊拚命戰鬥，用機智的策略一邊抵擋匈奴猛烈攻勢，一邊撤退。匈奴開始懷疑漢軍有埋伏，追擊變得謹慎，眼看李陵部隊快要甩開追兵，逃進要塞。然而這時，因將校之間的紛爭而出現了叛徒。

「李陵的軍隊缺乏後援，武器也快用完了。」

李陵軍隊的情況被告知了敵方。最終，整個軍隊遭到殲滅，李陵被抓。

不管多麼拚命作戰，如果自家的情況全被敵人知道了，就算是李陵這樣的名將也撐不住。

關於控制情報的訣竅，《李衛公問對》是這麼說的。

「善用兵者，先為不可測。」

也就是說，戰鬥高手不會讓敵人察覺到自己的行動。

為此，不僅需要嚴格保守我方機密，甚至更有效的做法是故意散布假情報，以混淆敵人的判斷。

後漢時代，有位名將班超，以少數的兵力掌控西域。他在和于闐王聯合攻下莎車後，故意讓即將釋放的俘虜聽到這番話。

「我方兵力不足，若硬碰硬是無法取勝的。現在最好的方法是暫時撤退。于闐王，請向東返回您的國土，我則向西撤退。晚上會敲擊戰鼓，以此作為撤退的信號，屆時我們再行動。」

此時，敵方的軍隊由莎車軍，以及龜茲王和溫宿王的援軍所組成。龜茲王聽信了俘虜的報告，立即率一萬騎兵向西移動，準備伏擊班超。溫宿王則率八千騎兵向東前進，準備伏擊于闐王。

在得知敵方移動後，班超果斷突襲了守備薄弱的莎車本營。莎車軍一擊即潰，救援部隊也只能無奈撤離。從中計的那一刻起，莎車的命運就已經決定了。

十三、將現場決策權交給前線

君命有所不受。

▼《孫子兵法》九變篇

君主是最高領導者，有時現場的負責人可以不必以此為令。

這出於以下的考量。

「出軍行師，將在自專。進退內御，則功難成。」——《三略》

現場的指揮官為了達成勝利，應隨著局勢變化作出靈活的決策。所以，有時候來自君主的命令會造成妨礙，則指揮官應選擇不接受。

然而不可忘記的是，現場指揮官的職責僅限於在每場戰鬥中獲得勝利。

君主的職責在於更高層級，以政治判斷來審核個別戰鬥的適當性。換句話說，若不獲勝更符合國家的利益，那麼讓軍隊不勝也是君主應擔負的角色。

如果現場指揮官無法理解這一點，現場的行動就可能會失控，即便獲得了一場場勝利，最終卻會留下巨大的後患。

在日中戰爭初期的日本軍，恐怕正是處於這樣的狀態吧。

要達到勝利，君主與指揮官的信任和合作是必須的。身為將領，「信」是其基本要素。

「將者不可以不信，不信則令不行，令不行則軍不槫。」——《孫臏兵法》

身為將領，「信」是不可或缺的。倘若失去「信」，命令難以執行，軍隊也無法凝聚成一體。

所謂「信」，指的是不說謊、信守承諾，這也是身為將領的必要條件之一。

這是顯而易見的道理，如果上位者言行不一，就會引發下屬的不信任。一次還可能被原諒，但如果這樣的情況發生兩次、三次，那麼下屬就會完全不再信任他了。

為了避免這種情況，越是位居高層者越應該慎重言行。在做出回應之前，必須認真考慮自己是否能夠履行，否則很快便會失去「信」。

這樣的弊病在軍隊中特別嚴重，畢竟戰場是生死存亡之地。失去部下信任的指揮官，在緊要關頭時，很可能會被部下毫不留情地拋下。

十四、作戰要果斷，不能猶豫

知兵者，動而不迷，舉而不窮。

▼《孫子兵法》地形篇

善於用兵的人，能夠準確掌握情勢，因而在採取行動後不會猶豫，開戰後也不會陷入困境。

在此情況下，所謂「情勢」包括敵我戰力、地形和戰鬥時機等因素。引用《孫子兵法》的一句話來說就是如此。

「知彼知己，勝乃不殆；知天知地，勝乃可全。」

在開戰前進行敵我戰力的分析，這是理所當然的，可以說是一種常識。問題在於能否做到多麼準確和徹底。若夾雜過於樂觀的想法，那就不算是真正的分析了。

基於冷靜的戰力分析，應掌握「天時」和「地利」。天時指的是上天所提供的良機，能抓住這一機會便成為勝利的條件。而地利則是指地形等環境條件。

如今我們閱讀《孫子兵法》時，關於地形的部分或許已不再那麼有意義。將地形視作一種「抽象的場域」——立場或情勢來理解，可能會帶來更多啟發。

總而言之，行動前應慎重考慮自己所處的立場或情境，並以有把握的策略進行戰鬥。

《荀子》在〈議兵篇〉中提到：「遇敵決戰必道吾所明，無道吾所疑。」這意味著，當遇到敵人並決定開戰時，應選擇有把握的策略，而不要採用缺乏信心的方案。

用相撲來比喻會更容易理解。每位力士都有其擅長的姿勢和技巧，當他能將比賽引入自己熟悉的體勢時，不僅能發揮出高超的技術，也能佔據優勢。不過，如果被對手牢牢抓住，即便是強勁的力士，也可能顯現出意想不到的弱點。

心理因素在其中也許也扮演了很大的角色。當進入自己熟悉的體勢時，內心會湧現「好，這場有望了」的自信與冷靜。而此時對手則可能會有「完了」的焦躁與不安。這種心態上的不同非常關鍵。

戰鬥也是如此。若將善於防守的部隊派去進攻，或是將善於進攻的部隊用於防守，從一開始就難以避免苦戰。

如果放棄自己拿手的戰術，而必須以不擅長的策略作戰，那麼很可能會將主導權拱手讓人，被迫面對苦戰。

十五、擾亂敵人的心態

乘人之不及，由不虞之道，攻其所不戒也。

▼《孫子兵法》九地篇

面對實力顯然優勢的敵人，且無法避免戰鬥時，正面交戰毫無勝算。此時該如何應對呢？

答案是「趁敵不備，走出敵人意料之外的路線，出其不意地發動攻擊。」

所謂奇襲攻擊，就是從敵人完全意料之外的地方發起攻勢，藉此引發敵人的心理恐慌。這種效果十分顯著。

《李衛公問對》中有這樣的話。

「夫攻者，不止攻其城、擊其陳而已，必有攻其心之術焉。守者，不止完其壁、堅其陳而已，必也守吾氣而有待焉。」

抓住敵人無法應對的弱點，就是在攻擊他們的內心，這和我們的策略精神一致。這樣不僅能避免戰力的損失，還可以用少量的兵力打敗強大的敵人。

此外，為了使這個奇襲成功，

一、克服惡劣條件的機動力。

二、敵方情報的精密蒐集。

必須滿足這兩個條件。只有具備周密的準備和靈活的行動，才能對強大的敵人取得重大的戰果。

對於強敵，應先擾亂其陣腳再行攻擊。正如《孫臏兵法》所言：「埤壘廣志，嚴正輯眾，避而驕之，引而勞之，攻其無備，出其不意，必以為久。」

首先，降低城牆的高度來提升士氣，並嚴格執行軍紀以加強團隊的凝聚力。之後，假裝無法反擊，讓敵人自滿，然後展開游擊戰來消耗他們的精力，攻擊防守薄弱的地方，出奇制勝地擾亂對方。這種策略就是要將戰爭拖入持久戰。

假如要用拳擊來形容，這種策略就是內心充滿鬥志，保持距離，避免正面交鋒，不斷用刺拳讓對手疲憊，打滿十二回合。雖然這樣可能無法達到漂亮的擊倒，但贏得判定勝的可能性卻會更高。

順帶一提「攻其無備，出其不意」的策略是兵法的基本原則，各種兵法書都強調這一點。特別是在己方劣勢時，這種戰術在扭轉局勢上非常有效的。

第四章

瞄準逆轉機會

攻擊和防守本就是密不可分的，根據不同情況，需要在攻防之間靈活轉換。一旦機會出現，就應迅速行動，全力扭轉局面。

一、先建立可以獲勝的態勢

勝兵先勝而後求戰，敗兵先戰而後求勝。

▼《孫子兵法》軍形篇

意思是「所謂能夠贏得勝利的，是那些在戰鬥前先做好勝利準備的人；而引來失敗的，則是那些在戰鬥開始後慌忙試圖爭取勝利的人。」

這一策略的實踐者是《三國志》中的曹操。他被評為「每次戰鬥都能取勝，從未依靠過運氣」，而他強大的祕密之一就在於周密的準備。當他好不容易建立起眼前的勢力時，就已經在為未來的飛躍做好必要的重要佈局。

首先最重要的是招募人才。一聽說有合適的人選，就立刻派遣使者，厚禮相待，並將其納入麾下。

第二個重點是建立自己的軍隊。最初徵兵時，由於軍隊是臨時拚湊的，經常打敗仗，於是他反思後決定培養出一支強大的精銳部隊。

第三是確保糧食供應。當時各地都面臨糧食短缺的問題，所以曹操迅速在領地內推行屯田政策，結果是「各地堆滿了穀物，倉庫全都充盈」，取得了顯著的成果。

正因如此，曹操很早就開始進行布局，並成功推動了這些計劃，這才讓他的霸業得以成功。

如果不做好完全準備來取得勝利，只是期待幸運的降臨，是無法獲得勝利的。

《司馬法》中也這樣說道。

「凡戰，設而觀其作，視敵而舉。」（凡是戰鬥，都應該先設置計劃觀察其效果，再視敵情而行動）

首先應該穩固己方的陣勢，並觀察敵方的動向。如果在不瞭解對方實力和意圖的情況下輕舉妄動，很可能會掉入敵人的陷阱。

然而，如果敵方也非常謹慎，正試圖探查我方的行動，那該如何應對呢？《司馬法》是這樣說的。

一、交替派出大小部隊，觀察敵人的反應。

二、有意地反覆進攻和撤退，觀察敵人的防禦是否堅固。

三、把敵軍逼入窮境，觀察其動搖的程度。

四、保持安靜無聲，觀察敵人的緊張能否持續。

五、牽制敵人，觀察是否陷入疑心暗鬼之中。

六、嘗試奇襲，觀察敵方的紀律是否保持。

這些策略都是先輕輕試探，觀察對手的反應，從中了解對方的實力。之後再真正的全面進攻也不會太晚。

當然，這不僅僅適用於戰爭，同樣也是促成工作成功的智慧，甚至還可以作為判斷人物的鑑定方法，這是顯而易見的。

二、「無形」才是最好的作戰狀態

形兵之極，至於無形。

▼《孫子兵法》虛實篇

理想的作戰狀態，是讓敵人無法預測我方的動作，也就是所謂的「無形」境界。這樣的話，就能靈活地根據敵方的動向來採取不同的戰術。

這種理念不僅適用於戰爭，也有可能是武術和談判的精髓。

在幕末時期，憑藉江戶城無血開城等事跡展現非凡才能的勝海舟，被認為已達到這種境界。在他晚年的語錄《冰川清話》中，曾談及這樣的內容。

「所謂的『坐忘』，就是讓自己忘掉所有的事情，使內心達到廣闊無礙、不執著於任何一物的境界。只有這樣，才能縱橫自如地應對各種變化。然而，如果總是心事重重，擔心這個、擔心那個，心情就會不安，精神也會疲憊，根本無法快速應對瞬息萬變的情況。總而言之，事情還沒發生就擔心該怎麼做，實在是愚蠢。應該根據具體的時機和情況，做出相應的判斷和決策……只要讓心境如明鏡止水般清澈，就能在任何突如其來的變故面前，自然浮現出應對之策。所謂『來者順應』即是如此。我自古以來就是靠這種方式渡過了種種困難。」

勝海舟也是一位深諳「無形」之道的高手。

三、用兵要學會像水一樣靈活

兵形象水。

▼《孫子兵法》虛實篇

所謂的作戰態勢，應當像水的流動一般靈活多變。

那麼，應該向水學習哪些特點呢？引用《孫子兵法》的話來說，就是這樣的。

「水總是往低處流，同樣地，作戰時應該避開實力雄厚的敵人，攻擊其薄弱的地方。就像水沒有固定的形態一樣，戰爭中也沒有一成不變的戰術。能夠根據敵方的態勢靈活變化而取得勝利，才是真正的用兵之道。」

兵法書《尉繚子》同樣指出「勝兵似水」並進一步解釋道。

「水雖然看似柔弱，但無論前方有什麼阻擋，即便是山丘，也能將其沖破。這是因為水的特性中蘊藏著集中性和持久性。如果將領能率領裝備鋒利武器和堅固甲冑的大軍，以如水般靈活多變的戰術行動，將會無敵於天下。」

如果把這個原則應用到現代企業，可以說，企業不應拘泥於過去的成功模式。實際上，在現代的變遷中，許多企業因為固守已經過時的經驗和技術而自取滅亡。要想生存下去，就必須在靈活應變中找到出路。

布陣時，應以「如水一般」為原則。

「其實兵形象水，因地制流」（出自《李衛公問對》）。水無論倒入何種容器，總是隨著容器的形狀改變。軍隊也應如此，根據地形進行適當的布陣，才是理想的。

古代中國的戰場上，戰車、騎兵和步兵的作用是相互補充的。在平坦的地形中，戰車和騎兵因其強大的機動力而占據優勢，一名騎兵的戰鬥力據說是步兵的三到八倍。然而，在險峻的地形中，戰車和騎兵的優勢消失，步兵成為主要力量。因此，必須根據地形和情況來調整布陣和戰術，才能充分發揮各自的優勢。

十三世紀時，蒙古進攻華北的金國，展現了靈活應對的作戰方式。

蒙古以強大的騎兵軍團聞名，但在與金軍的這場戰鬥中，主帥拖雷的命令卻是下馬挖壕溝，並在其中堅守。由於戰場位於險峻的三峯山，加上金軍兵力是蒙古的三倍以上，拖雷看準了對方可能面臨的糧食不足問題。

因為當時的寒潮和飢餓，原本發起攻勢的金軍士氣迅速消耗殆盡。此時，蒙古軍展開反擊，一舉瓦解了金軍。有人說，失敗往往是因為固守過去的成功模式所導致的，而拋棄了擅長戰術的拖雷，正是靠著臨機應變的策略贏得了這場勝利。

據說，失敗通常是因為過度依賴過去的成功經驗，但拖雷捨棄了自己熟悉的戰術，靠著靈活應對的策略贏得了這場勝利。

四、強者懂得靈活作戰

小敵之堅，大敵之擒。

▼《孫子兵法》謀攻篇

「若無視己方的兵力而向強大的敵人發起挑戰，最終只會淪為敵人的盤中飧。」

日本的戰鬥方式似乎過於倚賴個別部隊或士兵的奮勇拚搏，讓人不禁感覺期望值過高。當然，在關鍵時刻，或許不得不寄望於士兵拚死奮戰的努力。但如果一開始就將所有希望寄託在此，便不能算是理想的作戰策略，能做的有限。

相比之下，《孫子兵法》的做法就顯得靈活多了。

如果兵力是對方的十倍，就包圍對方。

如果兵力是對方的五倍，就進行攻擊。
如果兵力是對方的兩倍，就分散對方兵力。
如果雙方兵力相當，就奮勇作戰。
如果處於劣勢，就撤退。
如果沒有勝算，就不要作戰。

戰鬥應該僅限於當己方兵力與敵方相等或更強的情況下進行。
若處於劣勢，則不必一開始就勉強迎戰，而應等待下一次機會。
不僅是兵力不足，當物資匱乏之時，也應當謹慎策劃，採取穩妥的對策。
《孫臏兵法》中也這麼說。
「積弗如，勿與持久。眾弗如，勿與接和。」
如果物資比不上敵人，就不要打持久戰；人數不夠的話，最好別正面對抗；士兵訓練不如對方時，別和強敵硬拚。

文章提到了物資、兵員和訓練三個因素，說明在這些方面明顯不利的情況下應該採取的基本戰略。通篇讀來，傳達出的是一種避免無謂拚搏、靈活變通的策略。

這讓人想起毛澤東的作戰方式。過去在不利的條件下與日本軍和國民政府軍作戰時，他創造了「游擊戰爭」這種獨特的戰術來應對，其精髓可以歸納如下。

敵進我退——敵人進攻時，我方撤退。
敵駐我擾——敵人駐紮時，我方騷擾。
敵疲我打——敵人疲憊時，我方進攻。
敵退我追——敵人撤退時，我方追擊。

勉強是無法持久的。因此，應該採取靈活的方式，堅持不懈地戰鬥。

五、不給敵人留任何破綻

善守者，藏於九地之下，善攻者，動於九天之上。

▼《孫子兵法》軍形篇

戰術高超的人，防守時會把兵力隱藏起來，不給敵人任何機會；而在進攻時，則會迅猛地發動攻勢，不讓敵人有時間準備防禦。

魏國的司馬仲達正是巧妙地運用了這種戰術。

雖然仲達是孔明的知名對手，晚年作為魏王朝的元老備受尊重，但當另一個實力人物大將軍曹爽開始將自己的人提拔到核心位置，試圖排擠他時，局勢開始變得不穩定。

面對這次危機時，仲達選擇閉居家中，保持完全沉默。曹爽派系中的李勝覺得事有蹊蹺，便以赴地方上任前的告別為由，前往試探仲達的反應。

當李勝到仲達的府邸拜見時，只見仲達由兩名侍女攙扶著，不時要她們幫忙整理滑落的衣服，喝粥時粥汁還不斷滴落在胸前。此外，他甚至多次將李勝的赴任地說錯，顯得非常衰老糊塗。

仲達的精湛演技讓李勝深信不疑，回去後報告說：「他已經完全完蛋了，真令人同情。」

毫無防備的曹爽集團隨著幼帝離開京城，仲達立即發動政變，掌控了軍事大權。最終，曹爽集團被逼到無路可退，三族全部遭到誅殺。這正是仲達採用「隱伏於九地之下」的策略來對付敵人的具體實踐。

鞏固了防守，就不要上敵人的當，要堅持到底。《尉繚子》中有這樣一句話。

「夫守者，不失險者也。」

這意味著，一旦進入防守，就應充分利用地勢之利，牢牢穩固防守。這樣一來，進攻的一方就難以找到突破口。於是，他們會採取分化或誘敵出戰的策略。而防守的一方，絕對不能被這些策略所迷惑。

在漢高祖劉邦與楚王項羽之間的霸權爭奪中，成皋城的攻防戰成為了關鍵點。項羽奪回成皋城後，為了討伐威脅他背後的彭越，向東進發。在此期間，他將城池的防守託付給曹咎，並囑咐：

「即使漢軍發起攻擊，也千萬不要應戰。再過半個月，彭越必定會被平定，我一定會回來。」

曹咎起初遵從這一指示，但漢軍接連五、六天辱罵挑釁，最終他難以忍受，選擇出戰，結果大敗，甚至丟掉了城池。

這一情況正好與《三國志》的司馬仲達形成對比。

當諸葛亮率軍遠征魏國時，見到司馬懿只是陣前擺出防守姿態卻不主動出擊，感到十分焦躁。於是，他故意送上女性的髮飾和首飾來激怒對方，暗指他像個女人般軟弱。儘管如此，司馬懿依舊按兵不動。最終，諸葛亮病逝於軍中，蜀軍只能無奈撤離。

如果在該忍耐的時候無法忍耐，就沒有資格被稱為名將。

六、等待敵人的瓦解

善戰者，先為不可勝，以待敵之可勝。

▼《孫子兵法》軍形篇

據說，優秀的將領會先鞏固自軍的陣勢，再伺機而動，等待敵軍的瓦解。而這種策略最成功的範例之一，正是吳國的陸遜。

《三國志》的精彩篇章之一就是「夷陵之戰」，當時蜀漢的劉備率領大軍進攻吳國的領地，這時迎擊劉備大軍的正是陸遜。

蜀軍的侵攻使陸遜手下的將軍們都緊張起來，紛紛提議出戰。但陸遜卻表示：

「劉備的力量強大，無法正面抵擋，而且他們依靠天然險要之地布防，攻擊難度極高，即便成功攻下，也很容易被奪回。因此，我們應當做好充分的準備，伺機而動，等待敵方露出疲態。」

部下的將領對陸遜的長期僵持狀態表達不滿。

這樣過了半年，當他發現蜀軍已經出現疲態時，陸遜立刻下令全軍進攻。然而，此時部下的將領們卻反對，認為已經錯過了最佳時機。然而陸遜對大家說：

「不，蜀軍現在已經筋疲力盡，士氣也衰退，而且無計可施。這是我們反擊的最佳時機。」隨即發起總反攻，成功瓦解了蜀軍。

陸遜和他手下將軍的判斷完全不一致。只有冷靜觀察敵軍的疲態，才能稱得上是優秀的領袖。

七、別抱有不切實際的想法

無恃其不來，恃吾有以待之。

▼《孫子兵法》九變篇

意思是「在戰鬥中，與其期望敵人不會來襲，不如依賴我們的準備，讓敵人放棄攻擊的計劃」。

凡事有備無患，必須做好萬全的準備。

這不僅僅適用於戰爭，也是適用於各面向的黃金法則。

此時，需注意兩個關鍵：

第一，切勿陷入過度樂觀的推測中。

防守是否真的萬無一失，取決於敵我力量的對比。即便自認為準備周全，但如果敵人以超乎預期的規模進攻，那麼這種防守便不再稱得上是萬全的了。

第二，是不能寄希望於僥倖。

即使對可獲取的所有信息進行綜合和深入的檢討，仍然難免存在著「事後全憑神意」的未知領域。畢竟，人類所能做到的並非十全十美。

簡而言之，應該努力將那些無法掌控的領域減到最少。如果忽略了這種努力，僅僅把希望寄託於天命，那麼天也不會垂青你。

唯有盡力做到最好，才能得到上天的眷顧。

八、找到掌握敵情的線索

辭卑而益備者，進也。
辭強而進驅者，退也。

▼《孫子兵法》行軍篇

《孫子兵法》中的一段話是這樣說的。

「如果敵方使者態度謙恭，而同時悄悄加固防線，那麼其實是在準備進攻。相反地，當使者表現得咄咄逼人、似乎要馬上進攻時，往往是在準備撤退。」

在《孫子兵法》中，也提到了許多了解敵人動向的策略。

例如：「無約而請和者，謀也。」

在對峙中突然提出講和，通常是因為背後有某種謀略。

「半進半退者，誘也。」

敵人若是前進後又撤退，或是撤退後又前進，這是在引誘我們出擊。

「見利而不進者，勞也。」

明明知曉形勢有利卻不發動進攻，是因為他們已經疲憊不堪。

「夜呼者，恐也。」

夜裡大聲互喊，是因為恐懼蔓延心中。

「吏怒者，倦也。」

軍中高層隨意對部下怒吼，反映出他們在戰事中已感到疲憊。

「諄諄翕翕，徐與人言者，失眾也。」

將軍輕聲細語對部下說話，這說明他已失去了部下的信任。

這些行動中共有的重點在於，如何解讀敵人行動中隱藏的意圖。

如果能巧妙利用這一點，就可以故意採取與我方目的相反的行動，使敵人判斷失誤，甚至將其引入圈套。

在這種暗中較量中，這往往就是左右勝負的關鍵所在。

在情報戰中，若輕信真假難辨的消息，便有可能陷入險境。

《孫臏兵法》也說：

「兵用力多功少，不知時者也。兵不能勝大患，不能合民心者也。」

當大軍集結出動而無法達到預期的效果，往往是因為選錯了發動進攻的時機。當面臨危機時無法撐住，則是因為未能團結士氣。對作戰計劃常感後悔，主要是因為誤信了不可靠的情報。

首先，最重要的是選對時機。這可以稱作發動攻勢的最佳時刻。隨時觀察情勢，若有利便進攻，若不利則暫停。錯過這個時機，便無法贏得勝利。

接下來，是當面對危機之際。這時正是檢驗實力的關鍵時刻。要在這種情況下全身而退，平時就得把士兵的心凝聚起來。要是到了危急關頭才臨時抱佛腳，那可就太遲了。

為了讓作戰後不致後悔，需在準確的信息基礎上進行計畫制定，並且務必要從多個信息進行核實，確保情報的真實性。

九、要對情報收集進行投資

愛爵祿百金，不知敵之情者，不仁之至也。

▼《孫子兵法》用間篇

東西方兵法書的經典代表，據說莫過於中國的《孫子兵法》和普魯士將軍克勞塞維茨所著的《戰爭論》。然而有趣的是，若從「情報的價值」這個角度來看，這兩本書的評價呈現出極大的差異。

首先是《孫子兵法》裡引用的這句話。

「吝惜官位和金錢而忽視收集敵方情報，真是愚蠢至極。」

這句話足以顯示《孫子兵法》對情報收集的重視程度。古時的名將們無不大量使用諜報員，致力於掌握敵方動向。

另一方面，克勞塞維茨在他的《戰爭論》中提到：

「情報往往充滿矛盾，更多是錯誤的，而且大多數情報都不可靠。」

他認為，因為情報的可靠性不高，往往會導致錯誤的判斷和混亂，所以需要天才指揮官的直覺來補足這方面的不足。

哪種觀點更正確，其實從戰爭歷史和現在的情況都可以明確地看出來。

然而，如果在可靠的情報分析上再加上天才指揮官的直覺，那麼這無疑可說是稱之為如虎添翼。

十、情報活動必須絕對保密

三軍之事，莫親於間，賞莫厚於間，事莫密於間。

▼《孫子兵法》用間篇

間諜的工作既能成為致勝的王牌，也可能會踩到敵人的陷阱。因此，一定要選擇全軍裡最值得信任的人來擔任這個角色，給他最好的待遇，並且他的活動必須徹底保密。

被稱為「亞洲的宰相」的周恩來，以其卓越的成就和親切的性格，至今依然備受尊敬。然而，在他擔任情報部門負責人時，展現出極其冷酷的一面。

中國共產黨過去與國民黨展開殊死戰，並遭受大規模鎮壓而陷入崩潰狀態之際，周恩來在黨內成立了「中央特科」。

其主要目的是進行情報搜集活動，為此，他在政府機關、軍隊、警察內部安插情報提供者，逐步建立起情報網絡。

同時，揭發黨內的背叛者並維持內部的紀律也是一個重要的任務。據說，不僅針對那些向國民黨泄露情報的間諜，就連因政治因素而轉向國民黨的學生，他也毫不留情地處置。

為了保護組織並確保情報的保密性，這種冷酷無情是不可或缺的。這或許可以稱之為這份工作的宿命。

十一、獎懲分明，界限清楚

數賞者，窘也。
數罰者，困也。

▼《孫子兵法》行軍篇

將軍頻繁地給予獎勵，或是動輒處罰，這一切其實都是組織在運作的表現。

不用說，組織管理的要點在於信賞必罰。無論是頒獎或懲罰，都不應帶有私心或追求個人名聲。若缺乏這一點，就無法打造出一個具有紀律的組織。更何況，若是戰鬥團隊，這一點更是至關重要。

《韓非子》對於賞罰是這樣描述的。

「英明的君主僅需掌控兩個要點便能統御臣下，這兩個要點便是懲罰與獎勵。

懲罰是施加制裁，而獎勵則是給予獎勵。

做臣下的總是害怕懲罰，卻對獎賞感到高興。當君主能夠熟練掌握這兩個要點，就能隨意驅使臣下，達到所願的管理效果。

君主透過賞賜與懲罰這兩種手段來管控臣下。如果君主放棄這兩種手段，讓臣下自由運用，最終反而會被臣下所掌控。」

然而，賞賜如果濫發，效果會逐漸減弱，懲罰若濫用，則會打擊臣下的積極性。因此，應謹慎掌握賞罰的尺度。

關於賞罰，或許可以參考《六韜》中的一句話。

「賞罰如加於身，賦斂如取己物。」

施予賞罰時，應當如同對待自己一般謹慎；徵收稅金時，也應如同從自己身上徵收一樣謹慎。這就是政治的根本要義。

清朝康熙皇帝曾說：「免除賦稅是古往今來最為仁政的政策。」因為這段話，康熙皇帝在平定「三藩之亂」及諸次對外征戰中，始終未曾訴諸增稅以籌措軍費。

此外，他致力於水利和灌溉工程，修建堤防，修復運河。尤其是對於黃河堤防工程，每年都投入巨額資金，最終成功完成此項工程。為了視察水利工程的成效，他首次進行南方巡幸，並先後進行了六次巡幸。這些費用由宮中的內務金支出，避免增加人民的負擔。

據《清史稿》所述，每年都會有「某州縣因災免稅，視災害程度而有所不同」類似的記載出現。這表示，災害發生後，州縣的稅負會依災情而獲得減免。

能夠實施這樣的果斷措施，據說是由於宮廷每月的開支被限制在約一千兩，再加上比明朝末期節省了三分之二的開支，並且徹底根除貪污，使國庫得以充盈。

十二、熟練地運用間諜

非聖智不能用間。非仁義不能使間。

▼《孫子兵法》用間篇

意思是，只有具備卓越智慧和人格的人，才能充分運用間諜。

確實，即便獲得了高度可靠的信息，能否加以活用，仍取決於領導者的素質。

在第二次世界大戰期間，以「佐爾格事件」聞名的蘇聯紅軍諜報員理查德·佐爾格在日本建立了緊密的諜報網絡，並持續向蘇聯本國傳送重要情報。其中最重要的一項就是德軍即將進攻蘇聯的情報。

一九四一年五月左右，佐爾格向蘇聯本部傳達了極為精確的德國開戰預測。他準確掌握了德軍的戰力，甚至推測出開戰日期為六月十五日。

然而，史達林將這些情報壓下來。據說，他不信任佐爾格，因為佐爾格是德俄混血；也有人說，是因為他懼怕自己大肅清行動的報復，陷入了疑神疑鬼的狀態。

此外，史達林即使從英國收到德國即將開戰的情報，也因為認為這是英國的陰謀而將其忽視。由於無視了這些開戰情報，蘇聯軍隊遭受了毀滅性的打擊，儘管最終獲得勝利，但也因此導致了一千九百萬無辜平民的巨大犧牲，創下了歷史上最慘痛的紀錄。

對於愚昧的指揮官而言，再有價值的情報也無法充分利用。

第五章

領導者的心態

戰爭是賭上性命的場域，將領肩負著部下的性命。也正因如此，對領導者的素質要求更為嚴格。應精通戰略與戰術，並掌握管理部下的訣竅。

一、共同確立目標

上下同欲者勝。

▼《孫子兵法》謀攻篇

勝利的條件之一在於上下同心協力作戰。

這可能是顯而易見的道理，但即便如此，組織的意志無法統一而導致失敗的情況仍然屢見不鮮。這是為什麼呢？

關鍵可能在於戰爭目標的設定。

《孫子兵法》指出，戰爭的目標在於國家利益。如果目的是上層的私利、名譽，或派系的利益，部下便無法追隨。唯有「國益」這樣的大義，才能推動行動。

周朝滅亡了殷王朝的「牧野之戰」，正是這種差異決定了勝負的關鍵。

當時殷的君主是紂王。據說他沉溺於酒色，沉迷於酒池肉林的享樂，並且將進諫的忠臣一一處決。雖然有說實際情況並沒有那麼誇張，但確實是忽視了政事據說真相或許沒有那麼誇張，但他確實疏於治理國政。

在牧野，周的武王向全軍宣告，奉天命對殷朝施行誅罰。帶領周軍的是名軍師太公望。雖然周軍的總兵力不到五萬，但全軍團結一致，向七十萬殷軍發動進攻。

殷的軍隊本來就缺乏意志，紂王的暴政已經使將士們徹底失望，因此在武王的軍隊攻入時，紛紛倒向敵方。

無法為部下設立明確目標的上司，是不可能取得勝利的。

關於組織領導人必須建立明確的指揮系統這一點，《吳子》中說道：

「夫鼙鼓金鐸，所以威耳。旌旗麾幟，所以威目。禁令刑罰，所以威心。耳威於聲，不可不清。目威於色，不可不明。心威於刑，不可不嚴。」

耳朵因聲音而受到刺激，所以金鼓必須清晰地敲響；眼睛因顏色而受到刺激，所以旗幟應使用鮮亮的顏色；心靈因刑罰而受到警醒，所以刑罰必須嚴格執行。

無論是進攻還是撤退，部隊只有在將領的指令下有序行動，才能充分發揮實力。因此，必須確保將領的命令能準確地傳達到基層。

在古代軍隊中，透過金鼓與旗幟來傳達命令。因此，金鼓需要是能從遠處聽清的清脆音色，旗幟則必須色彩鮮明，以便於辨識。此外，為了讓士兵遵守命令，還需嚴格執行懲罰措施。

在當今社會，即使懲罰的施行已不再那麼嚴厲，金鼓和旗幟也不再具備象徵意義。但將上層指令有效傳達至前線現場的重要性仍然不容忽視。

關於組織命令系統整備的重要性，《諸葛亮集》中說道。

「夫軍無習練，百不當一；習而用之，一可當百。」

即便組成了軍隊，如果不對士兵進行適當的教育和訓練，即使有一百人也無法對抗一名敵人。然而，若加以教育和訓練，甚至可以一人對抗百人。

這不禁讓人聯想到中國古代的軍隊。

在檢視戰史紀錄時，經常可以發現僅僅一次敗仗，數萬甚至數十萬的軍隊便消失得無影無蹤，這種情況並不罕見。其脆弱性令人難以置信。這並非其他原因，而是因為將不願意的民眾強行徵集湊足數量，未經教育訓練便投入戰場。因此，這些士兵素質低劣，毫無戰意。

因此，就像這段評論所說的，必須重新強調教育訓練的重要性。

就這點來說，過去的日本軍隊一直致力於對士兵的教育和訓練。舊日本軍的強大據說在於每一位士兵的奮戰精神，而這無疑是平時教育訓練的成果。

而這種傳統，在戰後也被延續至日本企業當中。

二、重視教育與軍紀

令之以文，齊之以武。

▼《孫子兵法》行軍篇

「對待士兵時，必須以溫情進行教育，同時以軍紀進行約束。」

為了實現有序的組織運營，「溫情」、「軍紀」與「教育」這三者的適當運用是不可或缺的。軍紀用以維持紀律，溫情激發士兵的幹勁，而教育則是提升每個人士氣的重要手段。

在明代，活躍於剿滅倭寇之戰的戚繼光，正是具備這三方面素質的名將。

首先，戚繼光對自己的軍隊進行了徹底的思想教育。他反覆強調，軍隊的存在是為了保護人民的生活。同時，他徹行軍律，並明確表示遵循賞罰分明的方針。他所率領的「戚家軍」之所以在所到之處都受到當地人的歡迎，正是因為這種思想教育得到了充分貫徹，並且軍律得以維持。

同時，他一旦聽聞士兵生病，總會親自送藥湯去照顧；如果有士兵生活困難，他便自掏腰包幫助。某天遇到大雨，當地名士提議讓他住進民宅避雨。

「千名士兵都在淋雨，我怎麼能獨自避雨？」

他這麼說道，並拒絕了這份好意。

這樣的舉動，自然令士兵們心生振奮。

要激勵士兵，必須給予他們與立下的功勞相稱的獎勵，這是至關重要的。《諸葛亮集》中說道：「賞以興功，罰以禁奸，賞不可不平，罰不可不均。」（以獎勵來激勵功勞，以懲罰來禁止惡行。獎勵應該公平，懲罰應該一致。）

設立賞罰標準，當然是為了管理組織。因此，必須明確設定基準。《諸葛亮集》還有提到這種概念：

「把賞罰劃分清楚，部下會心甘情願地服從命令。因此，應該清楚界定賞罰標準，對有功勞的人給予獎勵，對違反命令的人給予懲罰。這樣一來，部下既敬重又信任，不用命令也會自動去執行任務。」

然而，要讓賞罰真正發揮效用，必須在執行時保持絕對的公平公正。若稍有私人情感的摻入，將難以獲得大多數人的認可。在這方面，領導者應該率先做出表率。賞罰的適用方式，應根據該人的日常行為來判斷。

「故明君求賢，必觀其所以而致焉。（明智的君主在尋找賢才時，一定會觀察他們的日常行為，以此作為招攬的依據）」這句話來自《三略》。其中的「所以」指的是平時的行為。

所謂的人才其實有多種類型。《三略》對此作了如下分析。

「要善於駕馭部下，首先必須辨別他們是智者、勇者、貪婪者還是愚者。智者渴望建立功績，勇者則朝著目標勇往直前。貪婪者見到利益便會迅速行動，而愚者則毫不猶豫地甘願犧牲性命。根據這些特質去安排，這就是管理部下的祕訣。」

這段話闡述了管理部下的原則，但在選擇人才時，也需仔細評估對方的人格。為此，有必要仔細觀察他們平日的行為。

要稱得上出色之人，便須在品格與能力兩方面皆優於他人。然而，該從何處識別這樣的人才呢？有許多評估的要點，但說到底，日常的行為才是決定性的因素。這樣的話，應該就不會出錯了吧。

真正的人才是極其稀少的。因此，必須謹慎用心地選拔和任用。

為了吸引優秀的人才，地位和待遇的保障是關鍵所在。

《三略》中說：「夫用人之道，尊以爵，賭以財，則士自來。」如果想要尋找人才，就必須提供相應的地位和待遇。

關於這點，有一個著名的故事「先從隗始」。

在戰國時代，燕昭王想要招攬人才，於是向郭隗先生請教。郭隗便舉了以下的例子來回答他。

「從前，有位國王耗費千金尋找一匹千里馬，卻三年仍未能找到。這時，一名侍從自告奮勇，請求負責尋馬。國王便將此事交由他處理。三個月後，侍從探得千里馬的下落，然而當他前往查看時，發現馬已經死亡。侍從便以五百金買下馬骨，回來向國王報告。國王聽聞此事後勃然大怒。

『花五百金買一匹死馬，太荒謬吧？』

當他被國王怒斥時，那人這樣回答：

『既然死馬都能以五百金成交，那麼活馬肯定能賣得更高價。這消息一定會傳開，屆時，優良的馬匹必然會紛紛湧來。』

果然，不到一年就尋獲了三匹千里馬。

如果您真的想要招募人才，那麼首先請您禮遇我這個人。如此一來，比我更優秀的人才便會不遠千里，紛紛前來。」

事實證明，燕國真的從各國迎來了許多人才。

三、組織的凝聚力要保持靈活

善用兵者，譬如率然。

▼《孫子兵法》九地篇

何謂「率然」?《孫子兵法》中如此描述。

「率然」是指生活在常山的蛇。這種蛇的特點是，如果打它的頭，尾巴會反擊；打它的尾巴，頭會襲來；如果打它的身體，頭和尾巴都會同時反擊。

《孫子兵法》將這比喻為集體行動的理想，作為組織理論來閱讀也極具啟發。

日本人經常以「一塊岩石」來自誇團結的堅固。的確，一塊岩石般的團結或許堅固無比，但總免不了僵化的印象。不接受投降寧可玉碎的舊日本軍做法，可以說就是這種典型。

一旦某個地方有了一絲裂痕，便讓人感覺整個組織隨時可能崩解，展現出一種不堪一擊的脆弱。

「一塊岩石」的特徵可以說是雖然堅固卻也有脆弱的一面。相比之下，「率然」則是一種不管煮也好、燒也好都難以消滅的頑強抵抗力。這可以說是一種防禦上的強韌性。它不讓對手抓到決定性的要點，也可以稱之為這樣的強度。

從組織論的角度來看，集結每個人個別的強大力量所構成的整體強度，這就是所謂的「率然」。而輕視個人特性的「一塊岩石」式的強度，顯然是不同的。

未來的組織建設，應該追求「率然」模式。

那麼，要如何構建這樣的組織呢？

「兵卒有制，雖庸將未敗。」——《李衛公問對》

意旨若軍隊具備良好的紀律，即便是在無能的指揮下也能立於不敗之地，若能由才幹出眾的將領統率，則勝利更是手到擒來。

以南宋的岳飛為例，他訓練出了一支名為「岳家軍」的精銳軍隊。不僅是金軍，甚至許多朝廷的軍隊在混戰中都轉向掠奪，逐漸失去了民眾的支持。然而，只有岳家軍在岳飛的指揮下保持著嚴密的紀律，毫不混亂。

「岳飛的軍隊，從不侵犯民眾分毫。」

「即便軍中缺糧，將士們也能忍受飢餓，決不擾民。」

這正是岳飛將其指導方針徹底傳達給全軍的成果。正因如此，金軍一聽說岳家軍來了，往往不戰而退，落荒而逃。

明朝時的名將戚繼光，就是參照岳家軍的模範組建了「戚家軍」，在剿滅倭寇中大顯身手。聽說那時的軍隊士氣很差，甚至有人會殺死自己人，帶著人頭投降敵方，為的就是拿到獎賞。

戚繼光注意到杭州義烏縣的居民純樸且充滿鬥志，於是他徵募這些義勇兵，經過嚴格訓練後，打造出一支常勝不敗的軍隊。從此，倭寇一見到「戚」字旗號，就害怕地稱之為「戚虎」，避之唯恐不及。

四、領導者應具備的五項特質

將者，智、信、仁、勇、嚴也。

▼《孫子兵法》始計篇

成為領導者需要具備的條件。這點在現代的領導學中也幾乎完全適用。

首先是「智」。《孫子兵法》強調「沒有勝算就不要開戰」，這是兵法的一項基本原則。能夠判斷形勢、看清是否有勝算，就是智慧的體現。

第二項條件是「信」。信的意思是不說謊話，並且遵守承諾。若一個領導者言行反覆，部下自然無法跟隨。若是經常說出像「不好意思，那件事當作沒說過吧」這類話，不斷更改自己的話語，那他也無法得到周圍人的信賴。

第三個是「仁」。簡單點來說，就是內心溫暖，有同情心。光是對部下使喚來使喚去，卻不帶點關懷的領導，沒辦法讓部下心服口服。

第四個是「勇」。勇氣，也可以說是果斷力。不是那種硬往前衝的「匹夫之勇」，而是在確定沒勝算的時候，能果斷撤退的那種勇氣，這才是當領導該有的勇。

第五點是「嚴」。這指的是「以信賞必罰來對待部下」。對於部下的統率力而言，如何靈活運用先前提到的「仁」與這裡的「嚴」至關重要。

此外，《諸葛亮集》列出了作為將領的條件，共有以下五項：「不倍兵以攻弱，不恃眾以輕敵，不傲才以驕人，不以寵而作威。先計而後動，知勝而始戰。」

一、「就算面對實力較弱的敵人，也不要咄咄逼人地發起猛烈攻勢」。當然，在該出手的時候，還是要把握住時機展現氣勢攻擊，但此時必須先了解敵人的狀況。

如果只是盲目進攻，沒有準確評估敵情，很可能會掉進敵人的陷阱。

二、「仰仗我方強大而輕視敵人是不可取的」。輕敵容易使人鬆懈，一旦被敵人察覺，就可能瞬間讓形勢逆轉。

三、「炫耀自己的能力，並藐視他人是不可取的」。這樣的行為只會引發周圍的反感，連部下也會轉身離去。

四、「依賴上級的寵愛而擺出高傲的態度是不可取的」。這種人也是不受歡迎的類型，會讓部下逐漸疏遠。

五、「在行動之前做好萬全的計劃，並確保充足的勝算再進行戰鬥」。這樣的謹慎態度才是我們應該追求的。

五、要學會雙向思考

智者之慮，必雜於利害。雜於利而務可信也。雜於害而患可解也。

▼《孫子兵法》九變篇

簡單來說，這段話的意思是：

「聰明的人一定會從利益與損失的雙面來考慮事情。也就是說，當思考利益時，會同時考量可能的損失面。這樣一來，事情就能順利進展。相反地，當遭遇損失時，也會考慮由此可能帶來的利益面。這樣便能避免不必要的擔憂。」

《三國志》中的諸葛孔明也曾說過類似的話。

「要解決問題，不能以單方面的態度去應對。也就是說，如果想獲得利益，就必須同時考量可能的損失。如果渴望成功，就有必要事先考慮失敗的情況。」

不論是孫武還是孔明，身為名軍師之人，他們的思維竟出人意料地相符。他們所談論的道理，若說平凡，確實平凡。然而，即便是這些平凡之理，直到了關鍵時刻，我們能夠真正付諸實踐嗎？

從有利的條件中警惕潛在的不利，從不利的條件中發掘希望的火花，如此平衡的判斷，正是我們所渴望的。

六、調整自己的心態

必死可殺也，必生可虜也。

▼《孫子兵法》九變篇

當將領的，如果只是拚命去打，那最後可能只是白白送命；要是只顧著保命，反倒容易被俘。

《孫子兵法》還提到，身為將領還舉出三項容易掉進的陷阱。

一、性情急躁，容易發怒。

二、過於執著清廉潔白。

三、過度體恤他人。

以上三項，無一不是妨礙戰爭推進的因素。導致軍隊毀滅、將帥死亡的，也無非就是這三種危險，因此更要謹慎考量、特別注意。

「必生」的意義很好理解。如果一味追求生存，就無法果斷出擊，反而會被敵人所擊敗。

然而，為何「必死」也被認為是不妥當的呢？拚死作戰，難道不正是身為將帥的責任所在嗎？

《孫子兵法》認為，這樣的行為無法成為合格的將領。因為身為將領，無論在任何情況下，都不應失去冷靜，必須立足於全局的判斷來行動。與其自己「拚命」，不如讓部下拚命，這才是身為將領的職責所在。

換言之，一名將領需要的是冷靜與平衡感。

七、控制情緒

先暴而後畏其眾者，不精之至也。

▼《孫子兵法》行軍篇

對部下怒斥一番後，卻又在意他們的離心，無疑是暴露了自己的不明智。如此一來，作為將領可以說是不合格的了。

《三國志》的英雄張飛（字益德）正是這樣的豪傑。

大家熟知他的英勇事蹟之一便是長坂橋上的威武的姿態。當曹操的軍隊步步逼近時，他大聲呼喝：

「我乃張益德！命不惜者，放馬過來！」

結果竟無一人敢靠近。

不過，話說回來，張飛對上司總是很尊敬，但對下屬卻常常動不動就使用暴力。看來他在當領導方面，似乎有些自制力不夠。

劉備對這一點也很擔心，早就常常提醒張飛要注意這方面。

「張飛啊，你對部下是否過於嚴厲了？而且，每天鞭打士兵，還讓這些士兵待在你身邊，這樣下去，早晚會有不好的事情發生。」

正如這句話所說，這位無雙的豪傑最終也難逃被部下謀害的命運，迎來了不幸的結局。

或許像張飛這樣的人物，雖然可以成為出色的部下，卻未必適合擔任領導者。

八、不可輕忽敵人

無慮而易敵者，必擒於人。

▼《孫子兵法》行軍篇

若是缺乏深思熟慮而輕視敵人，則可能會被對方乘虛而入。

擁有對自身實力的信心是無可厚非的，但若這份自信缺乏充足的依據，則很可能會招致令人難堪的反撲。

翻開古今的戰史，可以發現許多擁有大軍卻遭遇意外敗北的例子。原因各有不同，但幾乎所有情況都存在共通點，那就是疏忽大意。過於自信自身的力量，輕視敵人，因而產生鬆懈，最終被對方抓住破綻而落敗。

心態的鬆懈通常發生在業績蒸蒸日上的時候。每當人們在面臨艱辛的挑戰時，緊張感會充斥全身。然而，當擺脫險境並開始迎來業績的上升，便會產生一種放鬆的心態，心中不免出現疏忽。其實正是在這樣的時刻，危險才真正潛伏。

唐朝的名君唐太宗曾經說過這樣的話：

「治理國家的心態，和治病的心態完全一樣。當病情好轉時，如果掉以輕心，違反醫生的指示，可是會有致命風險的。治理國家也是需要這種謹慎的態度。」

持續的警惕感，才能造就真正的好領導者。

輕視敵人是災禍的根源。《老子》也說過。

「禍莫大於輕敵，輕敵幾喪吾寶。」

輕視敵人而無謂地發起攻擊，是愚不可及的行為。如此一來，必將導致國家滅亡。當敵我雙方實力相當時，應盡量避免戰爭，這樣才能獲得勝利。

在任何時代，戰爭的苦難終將轉嫁到社會中的弱勢群體上。老子主張，通過換位到弱者的角度去思考，能夠提醒人們在動用軍事力量時要小心謹慎。而這裡所提到的，也正是該思想的延伸

開戰前，「評估雙方實力，看是否有勝算」這點是多數兵書一致的主張。在《老子》中也提到這樣的冷靜思考。然而，比起這些，老子更關心戰爭帶來的苦難。他認為，要避免災禍，唯有忍耐克制，全力避免戰爭。《老子》認為，戰爭應該是最後的手段，並提過。

「不要主動進攻，等待對方先行動。與其積極進攻，不如退後加強防禦。」

九、沒有權力，就沒有責任

戰道必勝，主曰無戰，必戰可也。戰道不勝，主曰必戰，無戰可也。

▼《孫子兵法》地形篇

如果確定能夠獲勝，即使君主反對，也應該堅決出戰。反之，如果判斷無法獲勝，即使君主下令出戰，也絕對不應該迎戰。

將軍擁有如此巨大的權限，正是由於這一點。沒有權限就沒有責任，既然有責任在身，就必須具備相應的權限。

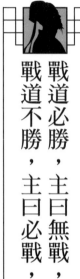

漢代的將軍周亞夫曾有過這樣的故事。

某次，皇帝親自來慰問他的軍隊。然而，儘管皇帝的隨行隊伍已經抵達，軍營的大門依然未開。先導隊喊道：「天子駕到！」然而，軍門的將校卻回應道：「在軍中，只聽將軍的命令，不聽天子的詔令。」

守門的將校大聲怒斥回應。不久之後，文帝派遣使者前往周亞夫的軍中。這時，周亞夫才打開軍門，以軍禮迎接使者。

文帝巡視軍隊完畢，返回途中對隨行的人說：

「周亞夫是真正的將軍。」

文帝感受到對職務強烈的責任感而深受感動。

當今的領導者中，有許多人抱怨說自己沒有權限卻被賦予大量責任。的確，這樣的普遍現象是事實。然而，責任感薄弱的人握有大權也是有的。

十、把功勞讓給部下，把責任留給自己

進不求名，退不避罪。

▼《孫子兵法》地形篇

「即便成功也不追求名譽，即便失敗也不逃避責任。」

《孫子兵法》將此作為領導者的條件之一。不求名譽，意即謙虛。為何謙虛如此受重視呢？

《諸葛亮集》中有這樣一句話：

「將不可驕，驕則失禮，失禮則人離，人離則眾叛。」

「身居高位的人應保持謙遜」這句話，從古至今一直被不斷強調。某種意義上

來說，這樣簡單明瞭的道理，為什麼需要反覆強調呢？原因其實很明顯，就是因為總有人仗著自己的地位，瞧不起他人，甚至欺壓部下，這樣的人從來就沒少過吧。

那麼，謙虛到底有哪些優點呢？要理解這一點，或許直接探討傲慢這種謙虛的反面特質所帶來的缺點，會更加直接。這段評論正是在闡述這個觀點。我們試著翻譯得淺顯易懂一點。

「身為領導者，不能驕傲自大。心態驕傲了，做事就會失去分寸。最後，人會離你而去，部下也可背叛你。」

順帶一提，所謂「失去禮儀」是指不把人當人看，用粗暴的語氣或傲慢的態度對待他人。這樣的行為肯定會引來周圍和下屬的厭惡。

相反地，即使身處高位，如果能保持謙虛，別人也會自然感受到你的端莊品格，這在獲得下屬支持方面非常有幫助。

《尚書》這部古典中也有相似的敘述：「若有善德而自矜，善德終將失去；若有才能而自誇，功績亦將隨之流失。」

意思是，如果稍微的善行被用來炫耀，這份善行也會被遺失；若稍微的能力被誇示出來，那麼連辛苦取得的功績也會失去。

《老子》中提到：

「若踮起腳尖想站得更高，反而會站不穩腳跟。若自認為自己是對的，反而會被忽視。炫耀自己，反而會被排斥。誇耀自己的功績，反而會招致非難。自視才高，反而會被他人拉下來。」

喜歡出風頭、處處搶鋒頭的人，似乎不適合作為一個合格的領袖。

具備謙遜的態度和強烈的責任感，才能真正成為一個有說服力的領導者。

一切都可以說正是從這裡開始。

十一、什麼樣的將領能受部下愛戴

視卒如嬰兒，故可與之赴深谿。

▼《孫子兵法》地形篇

只有把士兵當成嬰兒般去疼愛，他們才會願意和你一同深入險境。這段話毫無疑問地說明了，在統領部下時，關愛和體貼是何等的重要。

兵法書《吳子》的作者吳起，有一則著名的故事。

某次，一位士兵因膿腫痛苦不堪，吳起親自將嘴湊上去，為他吸出膿液。後來，這位士兵的母親聽聞此事，淚流滿面地哭了。鄰人不解，問她緣由，母親說出了其中的原因。

「其實，幾年前吳起大人曾幫那孩子的父親吸過膿。之後，父親出陣了，但為了報答吳起大人的恩情，他不曾退縮，最終戰死沙場。聽說這次　起大人又幫他的兒子吸了膿。這樣一來，這孩子的命運似乎也已注定。所以我才忍不住哭泣。」

這個故事可以有各種解釋。然而，就吳起的立場來看，他這樣做是為了抓住士兵的心，培養那些願意「陪他一起走進困境」的人。

作為領導者，只有具備體貼和關懷，才能贏得下屬的信任這一點不可忘記。

諸葛孔明認為具備仁愛之心的將領就是「仁將」。他說：

「道之以德，齊之以禮，而知其飢寒，察其勞苦，此之謂仁將。」（出自《諸葛亮集》）

透過德行去影響部下，以禮去面對部下。同時，還要了解部下是否遭遇飢餓與寒冷的折磨，體諒他們的辛勞。這便是「仁將」的特質。

「仁」指的是關愛的心。若用英語表達，大概就是「溫暖的心」這樣的意思。也正是因為這份關懷，士兵才會毫不猶豫地投入火海或水深之中。

十二、隨時保持冷靜

主不可以怒而興師，將不可以慍而致戰。

▼《孫子兵法》火攻篇

身為君主或將領，絕對不可因為憤怒而發動軍事行動。因為一旦被情緒所驅使，就無法做出冷靜的判斷。這樣的話，便可說是不稱職的領導者。

這場失敗的典型例子，就是劉備在「夷陵之戰」中的表現。

事件的起因是關羽對魏國的遠征。起初，關羽的戰果顯赫，以至於曹操考慮遷都。然而，最終關羽被與魏國結盟的吳國軍隊從背後突襲，大敗而亡，甚至最終被斬首。

因為這件事，劉備怒不可遏，儘管趙雲等群臣一致反對，仍親自擔任軍司令官，率軍討伐孫權。

然而，卻被吳國名將陸遜的持久戰法擊潰，最終大敗而歸。

這場戰役的失敗帶來了以下後果：

一、大量士兵和物資損失殆盡，劉備也因戰敗的心痛交加，不久後逝世。

二、蜀國本來就缺乏人才，這次的敗北更讓蜀國失去了包括馬良（「白眉」的由來）、馮習、張南等備受期望的優秀人才。

由於劉備一時的怒火而發動的出征，蜀國陷入了無法挽回的困境。

順帶一提，什麼才算冷靜的判斷呢？

《吳子》這部兵法書中有一句話是這樣說的：「以見占隱，以往察來。」

透過表面顯現的現象來推測隱藏的真實，藉由過去的事實來預見未來的事件。

這正是可以說是領袖應具備的素質。

這正是後漢時代，一位在西域大顯身手的名將——班超，與大月氏作戰時的情況。當時班超的部隊人數極少，而對方卻動員了多達七萬的龐大軍隊。見到士兵們顯得不安，班超向他們說了這番話。

「對方雖然擁有強大的軍隊，但他們是從數千里外遠征而來，食糧的補給定然會出現問題。不必害怕。只要我們徵收沿途的穀物並加強防守，敵人自會因饑餓而陷入困境。數十日即可攻破。」

果然如班超所預測，大月氏的軍隊在發動攻擊時無法得逞，無論如何嘗試也無法獲取任何食糧。班超見狀便說：

「敵方的糧草已經耗盡，肯定會派遣使者前往龜茲求援。」

班超如此推測後，命令百名士兵埋伏於龜茲邊境一帶。不出所料，大月氏的使者果然出現，毫無反抗地被擒獲斬首。班超隨即將使者的首級展示給大月氏的主將，敵軍見狀不禁驚慌失措，最終提出降服請求。

班超冷靜的推斷，決定了這場戰役的勝負。

●作者簡介

守屋洋

知名作家、中國文學學者。

生於1932年，宮城縣人，修完東京都立大學研究所的中國文學碩士課程。精通中國古典文學的專家，在著書和演講方面十分活躍，廣受好評。他的學問不侷限於研究，更是致力於探討中國古典智慧如何運用在現代社會，並以淺顯易懂的文字表現來闡釋艱澀的中國古典文學。守屋洋亦持續在SBI研究院等機構為領導者講授中國古典文學，課程相當受到支持與歡迎。

著有《〈決定版〉菜根譚》《新釈 韓非子》《中国古典一日一話》（PHP研究所）、《絕對有用的韓非子領導學》《恍然大悟365個簡單哲理》等，出版了多部作品。

智慧之戰
從《孫子兵法》看現代競爭

出　　版／楓樹林出版事業有限公司
地　　址／新北市板橋區信義路163巷3號10樓
郵政劃撥／19907596 楓書坊文化出版社
網　　址／www.maplebook.com.tw
電　　話／02-2957-6096
傳　　真／02-2957-6435
作　　者／守屋洋
翻　　譯／李惠芬
責任編輯／陳亭安
內文排版／謝政龍
港澳經銷／泛華發行代理有限公司
定　　價／380元
初版日期／2025年2月

國家圖書館出版品預行編目資料

智慧之戰：從《孫子兵法》看現代競爭 / 守屋洋作；李惠芬翻譯. -- 初版. -- 新北市：楓樹林出版事業有限公司, 2025.02
面； 公分
ISBN 978-626-7499-62-7（平裝）
1. 兵法 2. 人生哲學
592.09　113019916